步进滑摔机制及模糊判断

陈慧敏　著

U0335747

中国原子能出版社

图书在版编目（CIP）数据

步进滑摔机制及模糊判断 / 陈慧敏著. --北京：
中国原子能出版社，2023.9
ISBN 978-7-5221-2991-4

Ⅰ. ①步… Ⅱ. ①陈… Ⅲ. ①摩擦–步态–生物力学
–研究 Ⅳ. ①O313.5

中国国家版本馆 CIP 数据核字（2023）第 180172 号

步进滑摔机制及模糊判断

出版发行	中国原子能出版社（北京市海淀区阜成路 43 号　100048）	
责任编辑	白皎玮	
责任印制	赵　明	
印　　刷	河北宝昌佳彩印刷有限公司	
经　　销	全国新华书店	
开　　本	787 mm×1092 mm　1/16	
印　　张	12.25	
字　　数	214 千字	
版　　次	2023 年 9 月第 1 版　2023 年 9 月第 1 次印刷	
书　　号	ISBN 978-7-5221-2991-4	**定　价　78.00 元**

发行电话：010-68452845　　　　　　　　版权所有　侵权必究

前　言

　　滑摔事故经常发生于日常工作生活中,给人们造成不同程度的身心伤害及经济损失。特别是在轮船、列车、飞机、汽车等运动物体上行走作业时,非匀速运动、颠簸、倾斜等外界力学环境使人体滑摔风险升高,滑摔机制也更加复杂。针对此问题,本书进行了行走力体系受扰条件下人体滑摔演变规律和机制的研究。

　　本书研究了不同力学扰动因素下,人体保持行走所需摩擦系数的变化规律,提出将行走时脚底提供的临界摩擦系数与所需摩擦系数的差值作为滑摔风险判据。根据模糊数学和信息熵理论,通过将滑摔因素熵因子与生活因子相融合,提出了步进滑摔模糊综合判断的数学方法,建立了基于响应曲面法的步进滑摔预测模型。本书研究内容完善了步进滑摔机制的理论体系,对于在外界力学扰动条件下人体活动的防滑设计提供了一定的理论依据和参考。

　　本书研究成果在高端轴承摩擦学技术与应用国家地方联合工程实验室的支持下完成,深表感谢!

　　由于时间仓促,书中难免存在不妥之处,请读者原谅,并提出宝贵意见。

编　者

目　录

第1章 绪 论

1.1 选题依据

滑摔事故经常发生于日常工作生活当中。人体在行走过程中，如果脚底发生打滑，便会造成身体失衡，以至摔倒。滑摔一直被列为引起工伤事故的首要因素，而滑动是导致跌倒的主要诱因。据统计，55%的医务工作者和24%的制造厂工人的摔倒都是由滑动引起的。美国国家健康访问调查问卷显示，在工作中64%的摔倒归因于滑动或绊倒，有关滑摔的研究表明，滑动是引起摔倒最常见的触发因素（占比43%）。美国劳工部报道摔倒造成的伤害占非致命伤害事件的21%，占死亡事件的13%。在英国，1997—1998年度滑摔引起的事故占所有工伤事故的30%，属于发生频率最高的重大事故。在瑞典，整个工伤事故的22%是由摔倒引起的，再一次成为数量最多的工伤事故。瑞典北部的于默奥大学医院历经1年多的时间收集研究滑摔伤害事故，结果表明每年约0.35%的居民受到滑摔伤害，其中一半为骨折。日本由摔倒事件引起的死亡率逐年上升，自2001年以来，死亡事件已超过4 000起/年，滑摔引起的伤亡约占工伤事故的20%，致死数量已超过交通事故中行人的致死量。在芬兰，每年约有10万起引起严重后果的滑摔事故发生，其中7万起发生在室外，如街道、人行道、庭院等。

在静止地面上行走时易发生滑摔事故，在移动、摇摆的物体上行走作业时，身体的平衡更难以保持。如行驶中的轮船、列车、飞机、水上浮桥，以及受风浪影响较大的海上钻井平台等，在这些非静止物体上行走时，更易发生滑摔。特别是船舶在海上航行时，气象变化反复无常，时而风平浪静，时而大浪滔天。恶劣的海况不仅直接影响船舶的安全航行，也有可能会直接影响到船员的生命安全。

某大型航运企业最近 9 年来上报的 691 起船员劳动工伤事故，其发生的主要场所在甲板，占 40%左右；其次是在机舱，占 25%左右。在所有被统计的航运工伤事故中，51%为因滑跌、摔跤、磕绊等造成的伤害。造成滑跌、摔跤、磕绊等伤害的主要原因为行走或作业不慎、上下阶梯时不慎、甲板湿滑、船舶摇晃等。

滑跌事故也是各种作战船只、军舰作业的主要损伤类型。美国每艘航空母舰人员有 5 100～5 900 人，1999 年和 2001 年美国航空母舰在西太平洋区域进行了 2 次 6 个月的部署行动，即 WESTPAC99 和 WESTPAC01。在此期间，WESTPAC99 受伤率为 5.70%，WESTPAC01 受伤率为 8.17%。图 1-1 是 WESTPAC99 和 WESTPAC01 发生的主要损伤类型，其中最常见的工伤是滑摔伤（包括滑倒、绊倒和跌落），其次是划伤，这与美国一般全职工业人员的损伤情况相似。

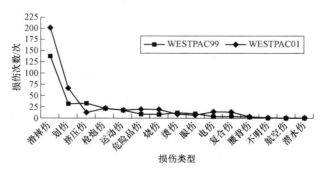

图 1-1 WESTPAC99 和 WESTPAC01 主要损伤类型及频次

滑摔不仅给人们带来巨大的伤病和痛苦，世界各国由于滑摔事故造成的经济损失也是十分巨大的。在美国，25%以上的摔伤工人因为伤病而停工 31 天以上。疾病预防控制中心最新统计资料表明，65 岁以上的老年人中超过 1/3 每年经历一次摔倒，其中 20%～30% 的摔倒导致中度至重度伤害。美国每年因滑倒受伤引起的诉讼、纠纷、赔偿和损失，已高达 1 000亿美元。据美国劳工部统计，在伤害赔偿中，滑摔伤害占所有赔偿金额的41%。在芬兰，滑摔事故中的全部花费（直接花费和间接花费）每年高达约 42 亿欧元，其中芬兰首都赫尔辛基每年由于行人滑摔造成的花费约为4.5 亿欧元。同时，每年冬季的休养费用约为 4 亿欧元，滑摔事故引起的成本约为此数的 10 倍。而在瑞典，滑摔引起伤害的医疗成本与同地区、同时期全部交通伤害成本相等。

较高的滑摔率激发了许多关于滑摔机制和安全指南的研究，特别是针对各种工作场所。研究发现，人体行走时脚底与地面之间的可得摩擦系数（the available coefficient of friction，ACOF）必须大于所需摩擦系数（the required coefficient of friction，RCOF）才能防止滑摔。所需摩擦系数 RCOF 的衡量标准是由水平地面反作用力 F_h 与垂直地面反作用力 F_Z 的比值所决定。所需摩擦系数与可得摩擦系数差值越小，人体滑摔风险越高。因此，如果已知可得摩擦系数 ACOF，所需摩擦系数 RCOF 即为评价人体滑摔倾向的有效判据。

目前，人们已经研究了直线行走、拐弯行走、上下楼梯，以及在各种不同材质及花纹地面上行走时的所需摩擦系数 RCOF。相关安全组织机构据此提出了不同条件下行走时地面所需要的最小静摩擦系数。美国职业安全和健康管理局（OSHA）推荐行走表面的最小静摩擦系数 $COF_\mu \geqslant 0.50$。我国行业标准《地面石材防滑性能等级划分及试验方法》（JC/T 1050—2007）也将摩擦系数 0.5 作为地面安全与否的临界值。美国残疾法案（ADA）推荐安全通道的静摩擦系数 $COF_\mu \geqslant 0.60$，坡度面的静摩擦系数 $COF_\mu \geqslant 0.80$。2013 年 2 月，中国国家体育总局下发文件规定，在人工游泳场所，游泳池四周铺设的防滑走道，以及更衣室与游泳池中间走道的地表面静摩擦系数 $COF_\mu \geqslant 0.5$。

资料表明，目前对所需摩擦系数的研究主要集中在行走地面为静止状态，而对行走地面为各种运动状态下所需摩擦系数的研究却鲜有报道。尽管我国 2001 年制定的国军标《直升机甲板防滑漆规范》（GJB 5066）中规定，甲板地面干湿状态下静摩擦系数均应大于 0.72，《舰船直升机舰面系统规范》（GJB 534—88）中规定，直升飞机起降甲板的防滑摩擦系数应大于 0.6，但这些规定的依据为防滑材料静摩擦系数的测定结果，而没有考虑到人体行走时的所需摩擦系数。

基于上述原因，本书进行了行走力体系扰动条件下人体滑摔机制演变规律的课题研究。通过六自由度步进摩擦测试平台的位置改变及运动状态的改变，对人体行走形成不同的外界干扰，研究了在不同干扰因素下人体的滑摔倾向，并进一步探讨了外界扰动对人体滑摔机制的影响。

1.2　研究现状

1.2.1　人体行走过程中的步态特征

一、步态周期及其划分

步行是人类最基本的运动之一，步态是指人的行走方式，即人体行走时每条腿按一定的顺序和轨迹进行抬腿和放腿的运动过程，最主要的特征表现在运动过程中人体运动部分的动态变化。

正常步态是指健康人在自我感觉最自然、最舒适的状态下行走时的步态，具有稳定性、周期性、方向性、协调性、节律性，以及个体差异性。一个步态周期是指从一侧足跟着地开始到同侧足跟再次着地所经历的时间。

一般成人的步态周期时长约为 1～1.32 s。行走中每个步态周期都包含着一系列典型姿位的转移,人们通常把这种典型姿位变化划分出一系列时段,称之为步态时相。正常的步态周期可分为两部分,即支撑期与摆动期(或称为支撑相与摆动相)。支撑期指足底接触地面及承受重力的时间,约占整个步态周期的 60%。摆动期是指同侧足底离开地面向前迈步到再次落地时所经历的时间,约占整个步态周期的 40%,如图 1-2 所示。支撑期和摆动期时间在步态周期中所占的百分比反映了下肢在一个步态周期内的时间分配,支撑期百分比越大,摆动期百分比越小。

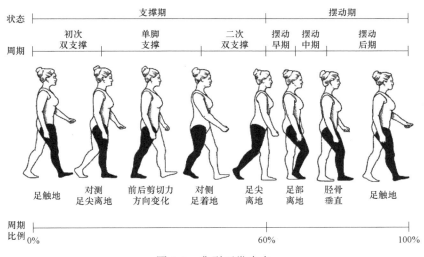

图 1-2　典型正常步态

一条腿在一个完整的步态周期中经历的状态依次为:足跟着地、全足着地、站立中期、足跟离地、足尖离地、加速期、迈步中期、减速期。前五个状态为支撑期,后三个状态为摆动期。在支撑期,脚跟着地到全足放平阶段,足底吸收地面的冲击,并承受重量,也称制动期或缓冲期。全足放平承受重量后至脚尖离地时期,脚底前后剪切力方向发生改变,身体重量逐步向对侧转移,并产生蹬地动作,推动身体向前,此阶段称为起动期。

人体在步行过程中,有一个阶段,两侧足跟均与地面接触,一侧足底处于蹬离地面阶段,另一侧足底处于站立前期,双足同时处于支撑期。此阶段称为双支撑期（见图 1-2）。双支撑期不是步态周期中除支撑期和摆动期外又一个特定时期，而是在观察双侧足部的步态周期时，两侧足部在各自支撑期相互重叠的一个时期。在一个步态周期中，有两个双足支撑期，每个双支撑期约占步态周期的 11%～12%。双支撑期的特点为其时间长短与步行速度有关。步行速度减慢时，双支撑期时间延长；步行速度加快时，双支撑期将会缩短。同样，在一个步态周期中，也存在两个单支撑期，此时一侧足底着地而另一侧足处于摆动状态。单支撑的时间长短也随步行速度而改变。

二、常用步态参数

用来描述步态的参数通常包括步长、步幅、步宽、步角、步频、步速等，见图 1-3。

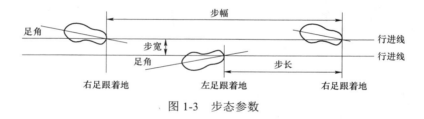

图 1-3　步态参数

（1）步长　从一侧足跟着地位置至另一侧足跟着地位置之间的直线距离，正常人步长约为 50～80 cm。

（2）步幅　同一足跟着地位置至再次足跟着地位置之间的直线距离，正常人步幅是步长的两倍，约为 100～160 cm。

（3）步宽　是指通过双脚跟部中心，且与行进方向平行的两直线间的距离，成年男性的步宽一般为 5～10 cm。

（4）足角　足跟中点至第二趾之间连线与行进线之间的夹角，一般小于 15°。

（5）步频　在单位时间内行走的步数，一般用平均每分钟行走的步数表示，正常人平均自然步频约为 70～120 步/min。

（6）步速　即步行速度，单位时间内的行走距离，正常人平均自然步速约为 1.2 m/s。在临床上，一般是让测试对象以平常的速度步行 10 m 的距离，测量所需的时间，来计算其步行速度。

步态参数受诸多因素影响，即使是正常人，由于年龄、性别、身体肥瘦、高矮、行走习惯等不同，个体也有较大差异。

1.2.2　人体行走过程中脚–地接触力

滑动是导致摔倒的重要原因，因此，防止脚底或鞋底与路面之间的滑动是降低滑倒损伤的有效措施。行走时脚底（鞋底）的受力状态对研究滑摔事故的发生是至关重要的，因为它决定着脚底（鞋底）-地面之间的相互作用和开始滑动的耐滑性。

研究发现，人体在正常行走时，脚底受到三个方向的作用力，即垂直方向作用力 F_z、与行走方向一致的前后向力 F_y、与行走方向垂直的侧向作用力 F_x，如图 1-4 所示。图中 $F_z = \sqrt{F_x^2 + F_y^2}$，为行走地面上脚底所受到的水平剪切力。水平力受行走速度和步长影响，随步长和速度的增加，水平分力增加，步长的影响要远大于步速的影响。

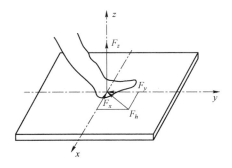

图 1-4　脚底接触力

行走试验测试结果表明，在正常水平面上行走时，侧向接触力 F_x 由于较小，经常被忽略不计。垂向接触力 F_z 是由身体的质量中心 BCOM 和步态循环中脚跟触地阶段摆动腿接触地面形成的向下的动量所产生的，垂向力 F_z 的大小也受到行走速度的影响。文献研究表明，在接触力的三个分量中，垂直分量 F_z 在整个步行周期中方向不变，而 F_x 及 F_y 的方向均有改变。脚-地接触力的分布曲线具有典型的双峰性质，且两峰值的大小基本一致，出现时间均为所处阶段的中间时刻。制动期和起步期所经历的时间各占步行周期的 50%，如图 1-5 所示，其中 F_{x1} 和 F_{x2}、F_{y1} 和 F_{y2}、F_{z1} 和 F_{z2} 分别是接触力 F_x、F_y、F_z 所对应的峰值。

目前，人们已对不同条件下行走时的脚底接触力进行了深入的研究。Glaister Brian C 等人测定了直线行走、左转弯 90° 及右转弯 90° 时，脚底侧向接触力及前后向接触力的变化，结果如图 1-6 所示。研究发现，直线行走时，支撑期脚底侧向受力大小及方向均会发生变化。在前后方向上，开始左转或右转的脚底比直线行走时受到更大的制动力和较小的推进力，而结束转弯的脚底比直线行走具有较小的制动力和较大的推进力，转弯角度最大时的脚底制动力与直线行走时基本相等，但推进力要远大于直线行走。

上、下楼梯是人们日常生活中经常遇到的具有潜在滑摔风险的事情。而脚或鞋底与楼梯表面之间的滑动被认为是导致楼梯滑摔坠落的主要诱因，但缺乏相关方面的防滑研究。据此，Zhang Cui 等人通过对不同年龄及不同光线下人们下楼梯时脚底接触力的研究发现，下楼梯时垂向力第一个峰值大约比地面上行走时高（15.97±5.75）BW，而第二个垂向力峰值比地上行走大约低 0.15 BW。前后向接触力在整个支撑期的起动阶段所经历时间小于制动阶段，两个峰值均比地面行走时大约小（0.03～0.04）BW（见图 1-7）。与青年人相比，老年人在下楼梯时脚底垂向

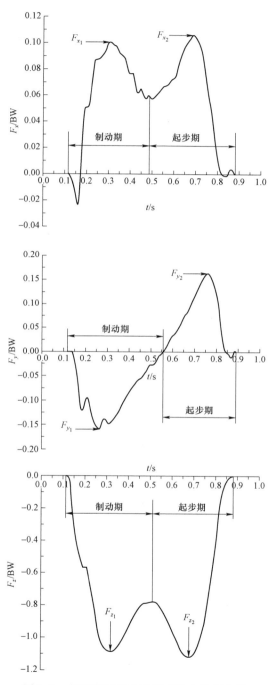

图 1-5　水平路面行走时的三维力分布曲线

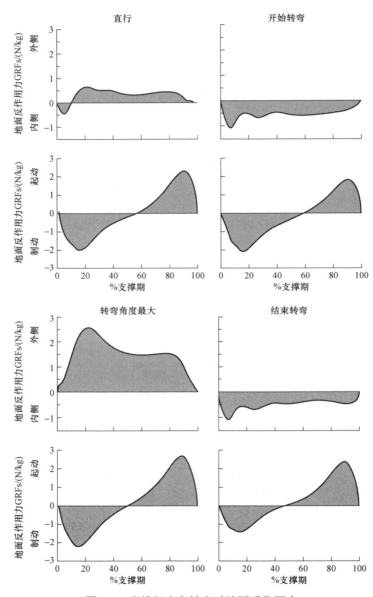

图 1-6 直线行走和转弯时地面反作用力

力第一个峰值（15.97±5.75）BW 大于青年人第一个峰值（14.01±4.35）BW；老年人所受前后向接触力（0.13±0.02）BW 均低于年轻人（0.15±0.024）BW。结果反映出老年人下楼时会采取比年轻人更安全的下楼策略。而光照因素对脚底接触力的影响不明显。

　　脚底接触力也常用在医学及体育上，通过脚底接触力的研究以判定下肢或脚部的患病情况或患肢恢复状况。Darmana 等人测定了正常儿童及胫骨内侧扭转及胫骨外侧扭转儿童行走时脚底接触力，以研究胫骨异常对儿童步态中地面反作用力的生物力学影响。研究结果表明，胫骨异常儿童步态循环时间比正常儿童增加了 25%，主要增加阶段为制动阶段，且起步阶段峰值增加了 17%。Knessl 等人研究了植入 TOEFIT-PLUS 假体后大脚趾下的地面反作用力，根据步态中足底压力分布以确定假体植入后功能是否恢复。胫骨应力性骨折是女性跑步者的常见伤害，其原因是跑步带来的重复性负荷。Walton 和 Crossley 通过测定 35 名女运动员在制动期及起动期垂向力与水平剪切力的峰值及峰值出现时间，以确定具有胫骨应力性骨折史的女性跑步者的地面反作用力与没有下肢应力性骨折历史的女性跑步者的地面反作用力是否有区别。

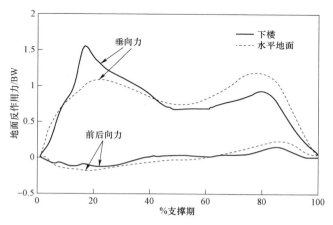

图 1-7　受试者地面地行走和下楼梯时的地面反作用力

1.2.3　人体行走过程摩擦学特点

要防止滑摔,脚底所受地面反作用力必须对应足够的地面摩擦力,因此脚底表面的滑动阻力对人体行走的安全性同样重要。滑动阻力为与人体运动方向相反的摩擦力,包括脚和地面接触时静态阶段和动态阶段与运动方向相反的力。

研究表明,人体在行走过程中是否发生滑动与个体的步态特征和步态循环过程中脚跟触底阶段的地面反作用力有关。当脚跟触地阶段与行走方向相反的可得摩擦力或静摩擦力 F_μ 小于水平剪切力 F_h 时(见图 1-8),将会发生滑动。静摩擦力 F_μ 与垂直力 F_z 成正比, $F_\mu = \mu_s F_z$, μ_s 为比例常数,定义为静摩擦系数或可得摩擦系数 ACOF。因此,脚和地面相互作用的静摩擦系数 μ_s 必须大于 F_h / F_z 的比值才能避免滑动。比值 F_h / F_z 的重要意义在于说明了行走时滑动发生的可能性,此比值也可定义为"所需摩擦系数" RCOF,因为它表示了防止开始滑动的一般摩擦要求。

研究表明,在行走过程中,脚底所需摩擦系数 RCOF 存在两个峰值,第一个峰值处于脚跟触地阶段,第二个峰值出现于脚尖离地阶段。所需摩擦系数的峰值称为所需最大摩擦系数,是指正常行走过程中,在不发生滑动的情况下,脚底与地面之间必须提供的最大摩擦系数。所需摩擦系数完全取决于个人及其步态特征,和地面条件没有任何关系。而可得摩擦系数取决于鞋底和行走地面的摩擦学特性。当所需最大摩擦系数大于地面所能提供的真实摩擦系数时,则发生滑动;反之,则不发生滑动。所需摩擦系数增加或可得摩擦系数降低,均使滑动可能性增大。所需最大摩擦系数将人体步态特征综合体现在了地面反作用力上,可以作为滑动危险性的判断标准。因此,如果已知可得摩擦系数 ACOF,所需摩擦系数 RCOF 即为评价人体滑摔倾向的有效判据。所需摩擦系数 RCOF 与可得摩擦系数 ACOF 之间的差值越大,滑摔风险越高。

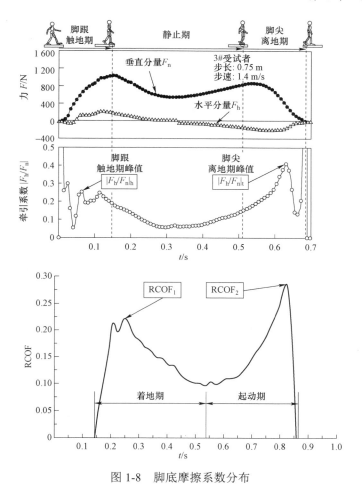

图 1-8 脚底摩擦系数分布

鞋底和地板界面所需摩擦系数 *RCOF* 是评估环境滑摔风险的重要指标。因此,目前国内外许多学者将作为评估滑摔风险重要指标的所需摩擦系数 *RCOF* 作为研究重点,并围绕影响所需摩擦系数的因素做了一系列探讨。

1.2.4 滑摔影响因素

有研究认为,滑摔伤害过程包括四个阶段,即开始滑动、察觉滑动、身体复原、触地摔倒。当地面能够提供的摩擦系数小于安全行走时所需要的摩擦系数时，就会发生滑动，人体感觉系统感受到脚底滑动之后，开始调动神经肌肉和身体的动力控制系统，使身体复原，恢复平衡，如果复原失败，身体失衡，就会发生跌倒。

影响滑摔的因素有许多，包括环境条件、步态形式和滑动后的姿势反应等。起始滑动决定于个人的特定因素，比如防护鞋的选择和步态形式（即步速、步长等），还有环境因素如地板、地板斜坡、地板和鞋底之间的润滑情况等。滑动的严重程度也受到个体和环境因素的影响，但是也可以归因于滑动以后的反应姿势，当滑动后的反应姿势不能够克服滑动的严重程度时，就会发生摔倒。

一、步态因素

步态因素包括行走时的步速、步长、步频等。研究表明，在水平静止地面上行走时，所需摩擦系数的两个峰值均随步长的增加而增加，且峰值随受试者不同而略有变化（见图 1-9）。步速对所需摩擦系数峰值的影响小于步长对其的影响（见图 1-10）。因此建议行走时可采取小步快走的方式以降低滑动风险。也有研究显示，步速对转弯时的所需摩擦系数影响较大。当转弯速度分别为（0.92±0.40）m/s、（1.40±0.25）m/s、（1.98±0.27）m/s时，脚底所对应的最大摩擦系数分别为0.38、0.45、0.54，根据此结论，他们提出 OSHA 所推荐的最小静摩擦系数 $COF_\mu = 0.50$ 在经常发生转弯的角落和区域不足以阻止滑动。

人体在自然状态下行走时，虽然个体之间的步速存在明显差异，但个体选择的速度或多或少是一致的。此外，在给定的步行速度下，人们有可能选择不同的步频和步长组合，但个体同样倾向于始终如一地选择特定的步频和步长。研究表明，能量消耗最低化，比如降低行走过程中腿部惯性等参数是人体选择特定步态模式的决定因素。然而，优化降低能源消耗不是步行的唯一目标，特别是对于跌倒风险较高的人群来说，选择特定的步态模式可能与提高步态稳定性和降低跌倒风险有关,而不是将能量消耗降到最低。跌倒者和易跌倒的人通常走得慢一些,与非跌倒者相比,他们的步幅更短,步频更低。步态模式的这些差异,特别是较低的步行速度,通常被解释为降低跌倒风险的策略。Christina 等人的研究表明,相比较于年轻人,老年人下楼梯时更小心,通过调整步态以降低所需摩擦系数,使下楼时的所需摩擦系数(0.27±0.07)小于年轻人(0.31±0.09)以增加身体

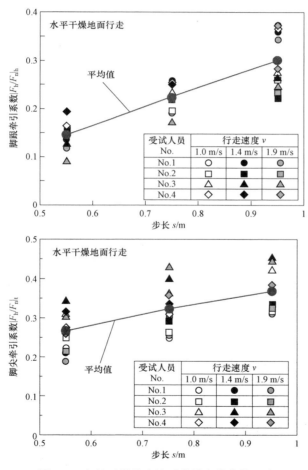

图 1-9　步长对所需摩擦系数最大峰值的影响

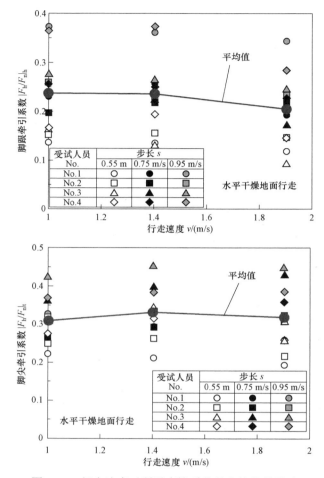

图 1-10 行走速度对所需摩擦系数最大峰值的影响

稳定性。在光滑的地面上，受试者倾向于缩短他们的步幅，以降低脚的速度和脚底摩擦力，从而减少滑倒的可能性。

二、路面状况

（1）行走路面材质及润滑条件

行走时的滑摔情况不仅与特定个体有关，与路面状况也有较大关系。因此，行走路面需具备一定的抗滑性能，以保证人体即使在雨天行走时脚底也不会发生打滑现象。影响路面抗滑性的因素包括路面材料、表面特性

（表面粗糙度、波纹）、路面和鞋底之间的润滑状况等。目前常用的地面材料为石材类、地砖类、混凝土类、木材类等。每种材料应用场合不同，表面湿度及自然条件不同，防滑性能也随之发生改变。因此不同材质的路面在不同条件下的防滑性一直是人们研究的重点。

Daniel Tik-Pui Fong 采用两种路面材料（木头、水泥），两种鞋（安全鞋、布鞋）和四种表面污染物（干、沙、水和油）共形成 16 个行走地板条件，研究了这 16 种地面条件下行走时人体的滑摔情况。其中防滑安全鞋符合个人防护设备指令 89/686/EEC 的规定，具有无害性、舒适性、坚固性和防滑风险保护（UNI 8615/1-DIN 4843）。布运动鞋是由一层薄薄的布鞋楦和一个薄而灵活的橡胶鞋底制成，不采取任何防滑措施，受试者为 15 名中国青年男性，分别测试了他们在 16 种条件下行走时的所需摩擦系数 $RCOF$，并采用自制的滑轮系统测试了 16 种条件下鞋底滑动时的动摩擦系数 $DCOF$。16 种条件下的 $DCOF$ 及 $RCOF$ 见表 1-1。由表可知，不同鞋底/地面条件下，动摩擦系数 $DCOF$ 值为 0.11～1.06，所需摩擦系数 $RCOF$ 为 0.10～0.21。结果显示，当地面有油污时，更易滑摔。通过回归模型分析可确定正常防滑步态下行走时的 $RCOF$ 为 0.20，而 $DOCF$ 的极限值被确定为 0.41。研究发现，当木、油、安全鞋和木、油、布鞋的 $DCOF$（分别为 0.20 及 0.11）小于或等于正常 $DCOF$（0.20）值时，其对应的 $RCOF$ 分别为 0.14 及 0.10，说明受试者会通过改变步态降低所需摩擦系数以防止滑动。

表 1-1　16 种条件下 $DCOF$、COF_u 及其滑动分组结果

地板	污染物	鞋类	$DCOF$	$RCOF$	滑动分组
木头	干燥	安全鞋	0.80	0.21	无滑动
		布鞋	0.81	0.20	无滑动
	沙	安全鞋	0.30	0.19	无滑动
		布鞋	0.29	0.19	无滑动
	水	安全鞋	0.74	0.19	无滑动
		布鞋	1.06	0.19	无滑动

地板	污染物	鞋类	DCOF	RCOF	滑动分组
木头	油	安全鞋	0.20	0.14	滑动
		布鞋	0.11	0.10	严重滑动
水泥	干燥	安全鞋	0.67	0.22	无滑动
		布鞋	0.75	0.21	无滑动
	沙	安全鞋	0.39	0.20	无滑动
		布鞋	0.37	0.21	无滑动
	水	安全鞋	0.59	0.20	无滑动
		布鞋	0.74	0.20	无滑动
	油	安全鞋	0.41	0.20	无滑动
		布鞋	0.29	0.14	严重滑动

在瑞典、芬兰等国家，由于天气寒冷，道路被冰雪覆盖，当人体行走在被冰、雪、泥泞、或霜冻覆盖的冰面时，经常发生滑倒摔伤事故。为防止滑摔，人们最常用的预防措施是使用具有防滑性能的鞋和使用地面防滑材料，如沙子或盐。Gunvor Gard 等人为了评估瑞典市场上的新型防滑装置，在不同的滑面、砾石、沙子、盐、雪和冰上进行测试。通过步行安全与平衡感评分量表、步行姿势与动作的录像观察等评定方法，测定在 10 名 55 岁以上的受试者中，有 8 名受试者在砾石、沙子和盐上行走时，行走的安全性和平衡性方面都是相当好的。在雪地上行走时，7 名受试者行走安全性和平衡性不好，10 名受试者在冰上行走均没有安全性和平衡性。以前的实验室研究表明融化的冰比坚硬的冰更滑，而文献研究发现一个有趣现象，滑摔事故主要发生在被雪覆盖的冰上，其可能的因素是冰藏在雪地里很难察觉，受试者不能够及时调整步态所致。其他人员的研究表明在预知的光滑表面上行走时，采用主动式步态策略可有效预防滑倒。

总之，许多路面防滑研究表明，路面粗糙度越高，防滑性能越好；同样的路面材质，路面越干燥，防滑性越好。

（2）路面坡度

Wen-Ruey Chang 测定了不同年龄人群在静止地面上直线行走时的所需摩擦系数，通过将随机分布的所需摩擦系数值 $RCOF$ 与给定的可得摩擦系数值 $ACOF$ 相比较，以判定滑动概率。文献测试了下楼梯时脚底所需摩擦系数，结果表明，开始下楼梯时脚跟触地阶段所需摩擦系数峰值（0.31±0.08）大于中间阶段（0.28±0.08）。因此下楼梯的起始阶段易于滑摔，适应楼梯之后，滑摔风险下降。上下坡行走时，人体滑摔的风险明显高于水平地面行走。Haslam 等人对 40 例英国皇家邮政工人的滑跌案例进行了分析，发现近 30%的滑跌现象均发生在下坡行走过程中。文献、在斜坡角度分别设定为 0°、5°、10°、15°、20° 时进行了上下坡行走试验以测定斜坡对人体滑摔的影响。文献将步长设定为 0.75 m、步速为 1.4 m/s；文献设定步长为 0.7 m，在自然步态下行走。两人的试验结果均显示，下坡时，脚跟触地期所需摩擦系数峰值 $RCOF_1$ 随坡度角的增大而增大，而脚尖离地期所需摩擦系数峰值 $RCOF_2$ 随坡度角的增大而减小，且脚跟触地期的 $RCOF_1$ 均大于 $RCOF_2$。因此，下坡时脚跟易于发生前滑。上坡时，随坡度角增大，$RCOF_2$ 增大而 $RCOF_1$ 减小，且 $RCOF_2$ 大于 $RCOF_1$，脚尖易于向后滑，见图 1-11。所需摩擦系数 $RCOF_1$、$RCOF_2$ 随坡度角变

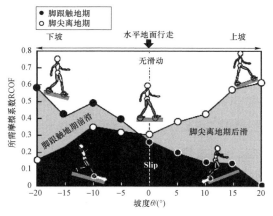

图 1-11 上下坡行走模式图

化过程中均出现拐点,对于拐点出现的具体角度及原因文献未进行深入探讨。文献分别研究了行走时向左及向右转弯时的脚底所需摩擦系数。研究结果表明,转弯时的摩擦系数峰值超过下坡、直线行走、下楼梯时的摩擦系数峰值,同样速度下,转弯角度 60° 时,所需摩擦系数峰值 $RCOF$ 为 0.36,90° 转弯时所需摩擦系数为 0.45。因此转弯角度越大,所需摩擦系数越大,滑摔风险越高。

三、行走鞋子

鞋子的选择包括鞋底材料及鞋底花纹。不同的鞋底材料和花纹有助于获得较好的可用摩擦数值。

(1)鞋底材料

赵全永等人采用 GT-7012-BC 型止滑试验机测试了聚氨酯(PU)、聚氯乙烯(PVC)、乙烯-醋酸乙烯共聚物(EVA)、天然橡胶(NR)、热塑性弹性体(TPR)、天然皮革六种鞋底材料在干湿状态的柏油、玻璃、大理石、木板、水泥路面上的止滑性能。结果表明,不同的鞋底材料、不同路面、不同路面润滑状态下的防滑性能不相同;PVC 鞋底/干态/玻璃路面的摩擦系数最大,静摩擦系数为 1.1286,EVA 鞋底/湿态/玻璃路面摩擦系数最低,动摩擦系数为 0.1948;玻璃路面的防滑性受鞋底材料和湿度的影响最大;PVC 鞋底的防滑性受路面材料影响最大。因此,鞋底材料、路面,以及鞋底/路面间的介质(路面上污染物,如水、油、沙土等)均影响鞋底的止滑性能。

文献利用 oy-pull 滑差计测试了皮革、PU、PVC、NR 四种材料制作的无花纹鞋底在不锈钢、地砖、人造大理石、地毯和油毡路面上的止滑性能。研究发现鞋底材料对止滑性影响较大,其中橡胶鞋底无论在何种地面材料上其动摩擦系数值均显示最大,而皮革鞋底的值最小。

Gao 和 Abeysekera 经研究认为非耐油鞋底材料如 TR(热塑性橡胶)或天然橡胶比耐油材料在冬季更防滑。文献通过对不同鞋底材料在光滑的结冰路面上测试后，认为耐油鞋底在结冰条件下表现出比不耐油外底更差的防滑特性，而且鞋底材料比鞋底花纹对防滑更为重要。

（2）鞋底花纹

鞋底接触地面后出现的滑移分为前后方向和左右两侧方向，即纵向滑移和横向滑移。因此，防滑性能良好的鞋底应该具有防止纵向、横向滑移的性能。张建春等人在 GT-7012-BC 型止滑试验机上对同为橡胶材料不同鞋底花纹的三种鞋子（见图 1-12）的止滑性能进行了对比测试。其中新型布面胶鞋的鞋底花纹分为两组图案，鞋底的周边部位采用横向块状花纹，中间部位则采用纵向为主的大块状且深度有变化的连续式花纹。试验表明，与解放鞋和作训鞋相比，新型布面胶鞋在干、湿状态下的防滑性能是最好的。

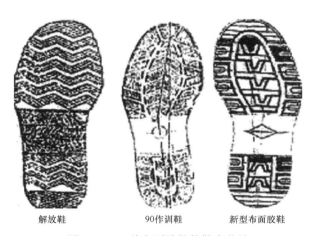

解放鞋　　　　　　90作训鞋　　　　　新型布面胶鞋

图 1-12　三种布面胶鞋的鞋底花纹

罗向东等人测试了纵条纹、横条纹、折线纹三种疏密不等的花纹的橡胶鞋底在干湿水泥、柏油、大理石路面上的止滑性，从鞋底花纹的型式和花纹的排列密度两个方面，研究了鞋底花纹和止滑性之间的关系。其试验结果与张建春等人的结论一致。并且得出，在水泥和柏油等粗糙路面上和干态大理石路面上花纹中横向因素多的鞋底止滑性较好，但在湿态的大理石路面上花纹中纵向因素多的鞋底止滑性更好。研究表明花纹的深度和鞋底与路面的接触面积对止滑性也有较大的影响。

采用滑差计测试证明，与平底鞋垫相比，各种鞋底材料（乙烯-醋酸乙烯共聚物、皮革、吹塑橡胶和新石器）上约 1.2 cm 宽的胎面花纹槽在一系列表面（水磨石、钢和乙烯基）、潮湿甚至被水清洗剂污染的表面上具有更大的防滑性，因为鞋底花纹槽能够使鞋底和地板之间的污染物排出，并减少了两个表面之间的接触面积。具有垂直于行走方向的胎面花纹槽提供了最高的动态摩擦系数 DCOF。然而，当鞋面受到油污染时，鞋底凹槽不能有效地提供安全的摩擦系数 COF。试验证明鞋底的胎面花纹槽深度（从 1 mm 增加到 5 mm）有利于在潮湿和水清洁剂污染的表面上防滑，而不是在油污染的表面上防滑。

（3）鞋底高度

Menz 等人采用动摩擦力试验机（DFTD）测试了不同鞋跟高度和样式的男式牛津鞋和女式时装鞋（见图 1-13）在浴室地面用瓷砖、人行道水泥地板、乙烯基室内地板和室外铺路瓷砖上干湿状态下的动摩擦系数。试验发现，干态路面比湿态路面对鞋子止滑性能影响更显著；干态下鞋 B 的动摩擦系数 DCOF 最低，鞋 C 的止滑性最好，各鞋子的止滑性在湿态下相接近；干态下，鞋跟粗的女式时装鞋比鞋跟细的止滑性能更好，湿态下各鞋子的止滑性接近；鞋子与地面的交互作用对鞋子止滑性能有较显著的影响。虽然宽跟女装鞋的 DCOF 显著高于窄跟女装鞋，但总体而言，女装鞋在防滑方面并不安全。因为研究发现这些民用鞋在湿态下的止滑性能都没有达到安全范围（用该试验机测试得到的止滑安全范围最低 DCOF 为 0.4），因此呼吁休闲鞋和职业安全鞋一样也要建立相应的安全标准。

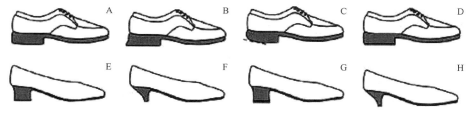

图 1-13　鞋跟形状

女性穿跟高 7 cm 以上高跟鞋行走时的步态特征与穿松糕鞋相似，具体表现为，步长明显较短，步速较慢，步态周期较长，重心起伏幅度大，单支撑时相占支撑时相的比例低，人体行走稳定性差，易于滑摔；当穿平跟鞋及 4 cm 左右的中跟鞋时，人体对脚底侧向及前后向控制能力增大，稳定性提高。

Menant、Jasmine C 认为鞋类通过改变对脚和脚踝的体感反馈和改变鞋/地板界面的摩擦条件，影响平衡和随后滑倒、绊倒和跌倒的风险。赤脚或穿着袜子在室内行走，穿着高跟鞋在室内或室外行走，都会增加老年人跌倒的风险。其他鞋类特征，如鞋帮高度、鞋底硬度、鞋底和鞋跟几何结构，也会影响平衡和步态的测量。因为许多老年人穿的鞋不太理想，所以最大限度地使用安全的鞋可以提供有效的防跌倒策略。

四、行走时人体重心的变化

为了使物体保持平衡，必须使作用于物体的一切外力相互平衡，也就是通过物体重心的各力合力应等于零；而且不通过物体重心的各力矩总和也应等于零，人体平衡也是如此。人体局部平衡是整个人体平衡不可缺少的一部分，而整个人体平衡也是由各个局部平衡来实现的。物体或人体的平衡与稳定，是由其重量、支撑面的大小、重心的高度及重力线和支撑面边缘之间的距离所决定的。

人体正常行走时，重心沿着两脚支撑的内边界向前运动，身体平衡是通过连续地摆动腿，使其安全着地来实现的，这与站立状态时通过保持重心在支撑区域内以确保身体平衡截然不同。因此，相对于站立状态，人体在行走过程中的稳定性机理更为复杂。

人体行走时身体重力和惯性力是步态的力学表征指标。在一个支撑相即将结束，以及下一个支撑相即将到来时，支撑足所受的垂直接触力最大，除了身体重力外还包括惯性力，表明此时身体有向上的加速度，以使另一只脚能抬起作摆动。因此在即将进入摆动相时，地面支撑力促使了摆动；而足尖离地后腿的摆动则完全由惯性实现。由于摆动腿的关节受力很小，所以地面对足的支撑力主要用于产生重心和着地足的加速度，实现人体向前移动，但这些水平方向的接触力时而为正、时而为负的特性表明，人体行走实际上是一个连续的失去平衡和恢复平衡的交替过程，如此循环往复下去，便形成了步态，也使得步态呈现出周期性和节律性的特征。

文献为通过足迹特征推断犯罪嫌疑人，将人体各部分抽象为刚体，从而建立了人体刚性系统简化模型（见图1-14），将复杂的生物力学问题简化为多刚体系统动力学问题。利用动力学方法进行物体运动分析、受力分析，通过建立并求解动力学方程推导出了解决实际应用问题的理论根据。通过步行运动中的动力学分析可以推测人体重心的受力变化规律并找出在足迹上的相应反映，从现场上发现的足迹分析出人体运动的特征，推断作案人行走特点，为侦查破案提供线索。根据步行中人体受力分析图建立

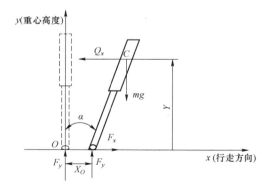

图1-14　简化模型及受力分析

y：重心高度；X_O：脚步移动距离；mg：重力；C：重心位置；
α：身体倾斜角度；F_x：水平受力；F_y：垂直力

人体运动方程，将各数值量化，经模拟试验等多种方法测得有用数据，逐步拓宽足迹检验范围，为探讨量化检验技术提供了思路和操作方法。丁浩，蒋俊平等人通过建立人体重心数学模型，并通过分析得到了人体行走过程中重心运行轨迹（见图 1-15）。通过参数分析，可以根据人的行走特点推断足迹特征；也可以根据足迹特征推断人的行走特点。

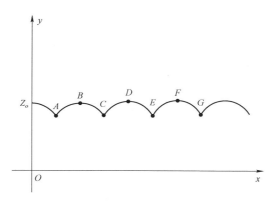

图 1-15 侧面重心轨迹

Wang 等人通过对 16 名年轻人的行走试验研究表明，人体在行进过程中遇到障碍物时能够通过调整步速步长以改变重心前进速度，减少站立中后期向前的不稳定性，以防止摔倒。Perkins 和 GrÖnqvist R 等人认为身体质心 COM 的位置与脚底所需摩擦系数有关，提出腿与重心垂线夹角 θ_h 的正切值影响 $RCOF$。Lockhart 等人通过对人体正常行走分析后报道，COM 移动速度和 $RCOF$ 与滑动结果之间具有显著相关性。Cavagna 和 Margaria 认为脚跟触地阶段的水平剪切力随 COM-COP 角的增加而增大（COP 为脚底中心压力）。Burnfield 和 Powers 经过回归分析后认为 COM-COP 角 θ_h 及 COM 前进速度可预测 $RCOF$。Takeshi Yamaguchi 等人报道 COM-COP 角 θ_h 可预测稳态运动（如直行）时脚底触地及离地阶段的 $RCOF$，并可预测转弯过程中 COM 不受限制时的 $RCOF$。文献认为 COM 位置受荷重的影响，受试者的负重改变 COM-COP 角，从而引起 $RCOF$

的变化。因此 COM-COP 角可很好地预测 *RCOF* 值，并有助于评估人体步态特征与开始滑动的相关性。

1.3　非稳态行走路面的运动特征

上述各项都是基于行走地面为静止状态时的滑摔研究，当人体行走地面为运动状态时，如飞机、火车、轮船等各种交通工具，浮动在海面的海上钻井平台，地震时晃动的地面等，地面的运动对行走于其上的人体滑摔将有巨大的影响。

一、舰艇及船只在海浪波下的运动

舰艇和游轮在海上航行或作业时，因受风浪作用会发生复杂的摇摆运动，如果船舶的摇动周期和波浪的运动周期相同，船将发生共振现象，振幅达到最大值，船的摇摆急剧增加。即便船只停靠在避风或多或少的海湾里。当长浪进入海湾，如果海浪的周期跟停泊状态下船只的横摇周期相同，即使是在浪高很小的情况下，船只也会剧烈摇摆。船舶的摇摆对人体或船体结构、机械设备、操作性能等都会带来不良的影响。了解船舶在海浪波作用下的运动参数范围，为模拟船舶运动以研究船舶运动状态下人体滑摔提供依据。

船舶在风浪中航行产生的摇荡有横摇、纵摇、首摇、垂荡（又称升沉）、横荡、纵荡六种形式（见图 1-16）。浮式钻井平台在作业时在海上处于漂浮状态，在风浪等海洋环境作用下产生运动，经简化后也可分为横摇、纵摇、首摇、垂荡、横荡、纵荡这六种形式。其中横摇、纵摇及垂荡对船舶设备的正常运行影响相对较大。

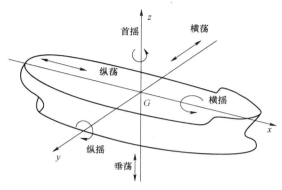

图 1-16　船舶运动形式

　　船舶的固有周期越大越平稳，常见船舶的摇荡固有周期见表 1-2。秦永元、严恭敏等人仿真结果显示，在舰船横摇、纵摇、首摇幅值分别为 10°、7°和 5°时，其对应的周期分别为 6 s、5 s 和 7 s，横荡、纵荡、垂荡幅值分别为 0.02 m、0.03 m 和 0.3 m。

表 1-2　常见船舶的摇荡固有周期

船舶类型	固有周期/s	
	横摇	纵摇与垂荡
货船（压载）	7～12	4～6
客船（1 万 t 以下）	10～13	5～6
客船（1 万～3 万 t）	13～15	6～10
客船（3 万～5 万 t）	15～22	10～15
航空母舰	15～23	7～16
驱逐舰	8～12	4～6
护卫舰	6～9	3～5
小船及快艇（100 t 以下）	3～5	2～3

二、地震时地面的运动

　　地震动是指由震源释放出的能量产生的地震波引起的地表附近土层（地面）的振动。地震同洪水、暴雨、台风、雷电等一样，是一种自然现象。全球每年发生地震约 500 万次，其中能感觉到的有 5 万多次，能造成破坏性的 5 级以上的地震约 1 000 次，而 7 级以上有可能造成巨大灾害的地震约十几次。

目前记录到的地震动可分为六个分量：三个平动分量和三个转动分量。目前直接得到的某一地点的记录通常为平动分量，转动分量的获得尚存在一定困难。对工程抗震而言，地震动的特性至少需要用振幅、频谱、持时三个参数来描述，即地震动三要素。其中振幅是工程中最感兴趣的量。地面运动的振幅可以是地面运动位移、速度、加速度中任何一种的最大值或某种意义的等效值。在地震动研究中加速度峰值 a_p 是最受关注和应用最多的一个物理量，a_p 可分为竖直分量 a_v 和水平分量 a_h，$a_v/a_h \approx 1/2 \sim 1/3$，因此建筑抗震设计规定 $a_v/a_h = 0.65$。有人曾专门从理论上研究过 a_p 是否有上限，1965 年 Housnor 提出 a_p 的上限值为 $0.5g$，当时最大的纪录 EI Centro 地震加速度 $a_h = 0.34g$；但 1971 年 S.F.地震记录到 $1.25g$ 的峰值加速度；目前记录到的最大峰值加速度是 $2.0g$。表 1-3 为旧金山和加利福尼亚地震的基本情况。

表 1-3　旧金山和加利福尼亚地震的基本情况

地震地点	地震时间	震级	震中距/km	峰值加速度/g
旧金山	1957.4.22	5.3	16.8	0.461
加州	1952.7.21	7.7	126	0.465

1.4　研究中存在的问题

（1）以上研究资料表明，关于人体防滑国外研究报道比较多，而国内起步较晚且这方面也少有人研究。

（2）目前对滑摔的研究，主要集中在步态参数、地面粗糙度、脚-地摩擦副、转弯、不同人群等对滑摔的影响。但在运动路面如舰艇、行进中的各种车辆等上面行走时，由非匀速运动产生的外力对人体滑摔倾向及滑摔机制的影响目前没有涉及。

（3）人体滑摔是多因素综合作用的结果，目前的研究主要集中在单因素如步速、步长或鞋底/地面摩擦副对滑摔的影响，缺少多因素综合作用对滑摔的判定。

（4）静止路面安全行走标准中，根据所需摩擦系数规定了静摩擦系数的范围，或根据研究所得的所需摩擦系数对老标准提出了修改建议。但在运动路面上行走时的摩擦系数安全标准目前未见有报道，因此，对此深入研究，可为运动路面安全行走标准的制定提供有效的参考作用。

1.5 研究内容

（1）采用步进摩擦测试平台，通过调整行走平台与水平地面之间的角度，改变脚底摩擦力，以研究摩擦力方向的改变对人体滑摔机制的影响。

（2）采用步进摩擦测试平台，使之以正弦规律水平往复运动，力台运动加速度形成作用于人体的水平外力，从而研究水平外力的大小和方向对人体滑摔机制的影响。

（3）采用步进摩擦测试平台，使之以正弦规律垂直往复运动，力台运动加速度形成作用于人体的垂直外力，以研究垂直作用力的大小和方向对人体滑摔机制的影响。

（4）基于模糊数学和信息熵理论，建立步进滑摔模糊判断综合数学

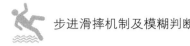

模型以判断步态参数、年龄、外力、地面坡度等因素对滑摔风险影响的权重。

（5）根据多因素互相影响的关系，建立基于响应曲面法的步进滑摔预测模型，根据此模型，可判断多因素共同作用时，各因素对滑摔影响的危险系数。

第2章 试验方案及试验内容

本书试验在自行研制的步进摩擦测试平台上进行,共分为四部分。第一部分测量人体在水平路面上行走时的三维力和摩擦系数的分布,以此数据为基础,分析外界扰动因素对滑摔机制的影响,同时测量不同步态参数、不同人群行走时的摩擦系数,用以建立模糊判断数学模型以分析各因素对滑摔影响的权重;第二部分改变上平台与水平地面角度以改变摩擦力方向,测量摩擦力方向变化时人体脚底三维接触力及所需摩擦系数的分布,以探讨摩擦力方向改变对滑摔机制的影响,第三部分测量人体在水平外力干扰作用下行走时的脚底三维接触力和所需摩擦系数的分布,并探讨水平外力作用对滑摔机制的影响,在水平外力作用下,改变人体行走时的步态参数,以此为基础建立滑摔因素预测模型;第四部分测量人体在垂直外力作用下行走时的脚底接触力及摩擦系数以研究脚底支撑力改变对人体滑摔机制的影响。

2.1 试验设备

试验在自制步进摩擦试验机上进行。试验机主要由机电式六自由度运动平台、两块三维生物力学测力台、数据采集及分析系统三部分组成(见图 2-1)。运动平台为钢板和型钢焊接而成的箱体结构。下平台将试验机主体固定于地面,上平台为人体行走平面,是由表面有规则凸起花纹的钢板组成,花纹可增加行走时的止滑性能。平台尺寸为 5.0 m × 1.5 m,四周安装有 1.2 m 高的钢管围栏，以防止行走过程中滑跌坠落，确保安全性。

图 2-1　步进摩擦测试平台

测力台为美国 Bertec 公司生产的型号为 FP4060-10-1000 三维测力台。测力台尺寸为 0.6 m×0.4 m×0.1 m。两块测力台均嵌入上平台，其上表面与上平台表面平齐。试验机结构及测力台的安装位置见图 2-2。上平台可沿坐标轴 X、Y、Z 平动以及绕 X、Y、Z 轴转动，其运动形式及状态由主控计算机控制。

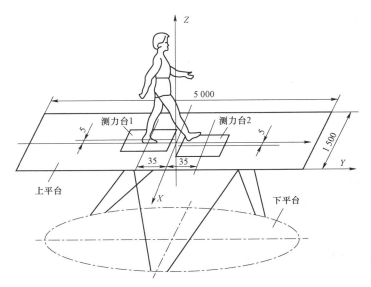

图 2-2　步进摩擦试验机结构及力台安装位置（/mm）

2.2　数据采集

试验时，摇摆台运动信号及测力台试验数据可由数据采集系统同步采集。采集程序为 Labview 软件编写。采集频率为 500 Hz，数据采集的同时可在计算机上同步显示各参数的变化曲线，进行初步甄别后可将有效数据保存在计算机中，以便进行后续处理。

采用 Matlab 软件编写的数据处理程序进行数据处理。将采集到的数据进行 5 阶次 30 Hz 低通滤波后，可将数据根据需要保存为"txt""excel""mat"等格式以备后期调用。

通过数据采集程序及后续数据处理软件，可得到摇摆台的六自由度运动参数，如运动幅值及频率；脚底三维接触力，如侧向力 F_x、前后向力 F_y、垂直方向力 F_z；根据测得的接触力值，程序可计算出侧向摩擦系数 COF_x、前后向摩擦系数 COF_y、整体摩擦系数 COF；根据测力台测得的脚底压力中心位置，程序可计算出不同方向的力矩 M_x、M_y、M_z。以上所有数据均可单独或同时在计算机上显示其变化分布曲线。

2.3　试验人员

共有 50 名志愿者参加了本研究的试验，他们的年龄、身高、体重见表 2-1。按受试人员年龄不同，分为五个试验组，即儿童组、青年组、中年 1 组、中年 2 组和老年组，每组各 10 人。儿童组的受试者均为年龄为 9～11 岁的在校小学生；青年组为年龄 21～23 岁的大学四年级学生；中年 1 组为年龄 40～43 岁的大学教师；中年 2 组为年龄 49～53 岁的大学教师及技术人员；老年组的年龄为 59～63 岁的退休教师及技术人员。所有受试人员均身体健康，无运动障碍史。试验前，每个人员签署了同意试验条款及方案书。

　　试验时，青年组人员参加了全部试验，其试验结果用以分析外力扰动对人体滑摔机制的影响；其余四组人员只参加水平静止地面固定步速、步长下的行走试验，其试验数据及结果用以建立模糊判断数学模型。

表 2-1　受试者的年龄、身高和体重

组别	性别	年龄/岁	身高/cm	体重/kg
儿童	男	10.20±1.10	141.10 ± 6.55	35.2 ± 6.13
青年	男	22.10±1.73	175.10± 3.10	70.21 ±4.65
中年 1	男	42.10±1.65	172.80 ± 3.85	68.48 ± 3.52
中年 2	男	52.50±2.11	172.10 ± 4.01	71.65 ± 3.95
老年	男	62.00±.62	170.70 ± 4.25	72.42 ±5.25

2.4　试验内容及方法

　　所有受试人员所穿鞋子款式相同，鞋面为普通帆布制作，鞋底材料为无花纹的黑色橡胶，其密度为 1.31 g/cm³，硬度为 72 HA。试验前，受试者分别在试验机上平台静止及不同运动状态下行走以熟悉适应试验平台。

2.4.1　水平静止路面行走

一、不同年龄

试验开始前，受试人员站在上平台靠近 1 号测力台一侧，听到指令后以自然步态开始行走，使左右脚分别踏踩测力台 1 和 2 上。试验步速为 1.2 m/s，步长为 0.7 m，每位受试者在不同条件下重复试验 20 次。

二、不同步态参数

试验步速设定为 1.2 m/s，步长分别设定为 0.4 m、0.5 m、0.6 m、0.7 m、0.8 m，进行不同步长下的试验，以在上平台上做记号来控制步长；设定步长为 0.7 m，步速分别为 0.8 m/s、1.0 m/s、1.2 m/s、1.4 m/s、1.6 m/s，进行不同步速下的测试，以节奏器控制行走速度。试验方法与水平静止地面行走时相同。

2.4.2   摩擦力方向改变对滑摔机制的影响

将上平台与水平地面之间的角度定义为 α，摩擦力与水平地面的脚底即为 α。改变 α 的大小即可改变摩擦力方向。设定上坡行走时 α 为正值，下坡行走时 α 为负值。其值分别设定为 0°～±20°。试验步长为 0.7 m，步速为 1.2 m/s，以节奏器控制行走速度，行走试验方法与水平静止时相同。

2.4.3   水平外力对滑摔机制的影响

启动试验机，使上平台以一定频率和幅值沿图 2-2 中的 Y 轴方向按正弦规律水平往复运动，其位移运动方程见式（2-1），运动速度方程见式（2-2），运动加速度方程见式（2-3）。人体所受水平外力 F_{ay}，即为 $F_{ay} = -ma_y$，见式（2-4），其中 m 为人体质量，a_y 为力台水平运动加速度。

$$X(t) = A \cdot \sin(2\pi ft) \tag{2-1}$$

$$v(t) = \frac{\mathrm{d}X}{\mathrm{d}t} = 2\pi fA \cdot \cos(2\pi ft) \tag{2-2}$$

$$a(t) = \frac{\mathrm{d}^2 X}{\mathrm{d}t^2} = -4\pi^2 f^2 A \cdot \sin(2\pi ft) \qquad (2-3)$$

$$F_{ah}(t) = -md(t) = 4m\pi^2 f^2 A \cdot \sin(2\pi ft) \qquad (2-4)$$

式中，A 为位移最大幅值，f 为运动频率，t 为运动时间。

参考船舶在海洋中的运行情况及地震波特点，在力台水平往复运动时，确定运动幅值 A 为 0.3 m，运动频率 f 及所对应的速度及加速度峰值如表 2-2 所示。

表 2-2　平台水平运动参数（幅值：0.3 m）

频率 f/Hz	0.05	0.10	0.15	0.20	0.25	0.30
速度峰值 v_{max}/（m/s）	±0.094	±0.188	±0.283	±0.377	±0.471	±0.565
加速度峰值 a_{max}/（m/s²）	±0.030	±0.118	±0.266	±0.473	±0.740	±1.065

为研究力台水平运动加速度、人体行走步长及步速三因素同时变化各因素对人体滑摔的影响，采用三因素五水平的正交试验 L25（5³）法，正交试验因素参数设置如表 2-3 所示。其中步速 1.2 m/s、步长为 0.7 m 时的试验结果可同时用于分析水平外力扰动对人体滑摔机制的影响。

表 2-3　正交试验因素参数的设置

水平	A 加速度/（m/s²）	B 步长/m	C 步速/（m/s）
1	0.1	0.4	0.8
2	0.2	0.5	1.0
3	0.4	0.6	1.2
4	0.6	0.7	1.4
5	0.8	0.8	1.6

试验时，启动上平台开始运动。受试人员站在测力台 1 一端，平台运动 10 s 按下采集键开始数据采集后，受试者开始行走。行走时尽量使左脚及右脚分别踏踩在测力台 1 和测力台 2 的中心位置。受试者走过测力台 2 之后，转过身体，身体平稳后开始行走，使左脚和右脚分别踏踩在测力

台 2 及测力台 1 的中心位置，走过测力台 1 一端后，转身重复之前的行走方式。步速 1.2 m/s、步长为 0.7 m 时左右脚分别采集 60 个数据，其他试验条件下左右脚分别采集 20 个数据。试验时间根据每个受试者的适应情况和身体情况决定，可分多次完成。

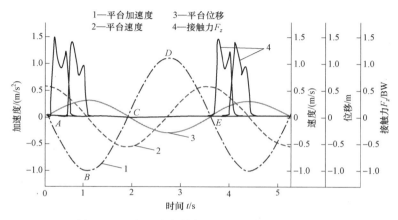

图 2-3 平台运动参数变化及与步态的位置关系

图 2-3 为平台运动幅值为 0.3 m、频率为 0.3 Hz 时各运动参数的变化曲线及人体行走步态与平台运动之间的对应关系。图中曲线 1 为平台运动加速度，2 为运动速度，3 为平台位移，4 为人体行走过程中脚底所受垂直方向接触力 Fz，Fz 的位置即为人体行走过程中的步态位置。加速度曲线 1 的 AB 及 CD 段加速度由 0 变化到峰值，BC 及 DE 段加速度从峰值变化为 0，而位移的运动方向及变化趋势与之相反。试验中，由于人体行走与平台运动的方向、位置之间的对应关系是随机的，因此，人体的步态对应的力台运动状态是任意的。进行数据分析时，需对不同力台运动状态下的步态进行归类甄选。

2.4.4 垂直外力对人体滑摔机制的影响

启动试验机，使上平台以一定频率和幅值沿图 2-2 中的 Z 轴方向按正弦规律垂直往复运动，其位移、速度、加速度运动方程分别见式（2-1）～式（2-3）。垂直运动幅值设定为 0.3 m，运动频率分别设定为 0.05 Hz、0.10 Hz、0.15 Hz、0.20 Hz、0.25 Hz、0.30 Hz，其对应的速度及加速度峰值与力台水平运动时一致，分别见表 2-2。力台垂直运动时试验方法及受试者行走方式与力台水平运动时相同，不同力台运动条件下对每位受试者分别采集 60 个左右脚步态数据。

2.5 试验数据分析及处理

将行走过程中脚底侧向接触力 F_x、前后向力 F_y、垂向力 F_z，以及人体受到力台运动的惯性力均除以体重进行归一化处理，所得力为当量力（即体重倍数，用 BW 表示）。F_x、F_y、F_z 所对应峰值分别用 F_{x1} 及 F_{x2}、F_{y1} 及 F_{y2}、F_{z1} 及 F_{z2} 表示。脚底侧向所需摩擦系数定义为 $RCOF_x = F_x/F_z$，前后向摩擦系数为 $RCOF_y = F_y/F_z$，整体所需摩擦系数为 $RCOF = \sqrt{F_X^2 + F_Y^2}\,/\,F_z$。侧向、前后向、总体所需摩擦系数 $RCOF_x$、$RCOF_y$、$RCOF$ 在制动阶段及起步阶段对应峰值分别为 $RCOF_{x1}$ 及 $RCOF_{x2}$、$RCOF_{y1}$ 及 $RCOF_{y2}$、$RCOF_1$ 及 $RCOF_2$。

每种条件下，计算接触力 F_x、F_y、F_z 及所需摩擦系数 $RCOF_x$、$RCOF_y$、$RCOF$ 的均值时，样本数为 20。采用 t 检验判断两个总体均值是否存在显著性差异，显著性水平为 $p < 0.05$。采用重复测量方差分析（ANOVA）对特定条件下的 GRF、$RCOF$ 进行比较；运用 Newman-Keuls 事后检验以分析不同条件下 GRF、$RCOF$ 的差异。

第3章　水平静止地面行走时
人体受力及滑摔机制

3.1　水平静止地面行走时人体重心运动轨迹

日常生活中，人体无论是静止状态还是运动状态，身体必须处于动态平衡才能保持稳定，避免滑摔。在医学范畴内，人体平衡可分为两类，一类为静态平衡，指人体处于某种特定姿势，例如坐和站等姿势是能够保持稳定状态的能力。第二类为动态平衡，包括两方面，一是自动态平衡，即人体在进行各种自主运动，例如在进行由坐到站或由站到坐等各种姿势转换运动时能够重新获得稳定状态的能力；二是他动态平衡，即人体对外界干扰，例如推、拉等产生反应、恢复稳定状态的能力。在力学范畴内，平衡是指当作用于物体的合力为零时物体所处的一种状态。人体处于一种稳定状态保持平衡的能力与人体重心的位置及人体支撑面的面积有关。如果人体重心的重力线落在支撑面之内，人体就是平衡的，否则人体将处于不平衡状态。因此，人体重心的运动状态对身体平衡是至关重要的。

人体的行走过程实际上就是通过不断调整步态参数、身体姿势及脚底摩擦力使之互相协调匹配，使人体重心始终保持一种动态平衡状态从而避免滑摔的过程。重心是指合重力的作用点，而人体的重心是指人体各部位合重力的作用点。研究资料表明，人体在自然站立时，人体重心位置大约在腰部肚脐附近。人体如果改变站立姿势，则重心位置也会随之发生改变。相应地，人体在行走过程中，由于双腿的支撑和摆动交替进行，再加上上肢的摆动以及躯干的扭动，使得人体的重心不断移动，并周期性地发生变化。在(x,y)二维空间内，人体重心随着脚跟触地、脚底支撑、脚尖离地等不同阶段在Y方向上下摆动、起伏。

为简化模型，人体行走过程中可假设整个腿部为刚体。即在行走过程中，脚跟骨到人体重心的距离在行走过程中始终保持不变，则在一个步态循环内，人体重心的轨迹变化如图 3-1 所示。由图 3-1 可知，在单支撑阶段，重心运动轨迹是以身体直立时的重心高度 l_1 为半径，以脚底压力中心 COP 为圆心的一段向上凸起的圆弧，先升高后降低（见图 3-1 中圆弧 ABC）；在双支撑阶段，重心轨迹是以重心至头顶长度 l_2 为半径，重心最低时的头顶为圆心的一段下凹圆弧，先降低后升高（见图 3-1 中圆弧 CDE）。在行走过程中，重心随步态的行进以此循环往复变化。

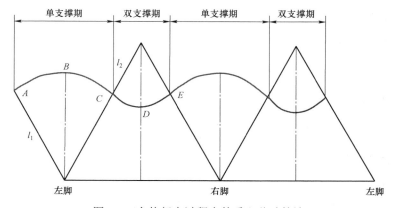

图 3-1 人体行走过程中的重心移动轨迹

3.2　水平静止地面行走时人体重心惯性力

人体行走时为保持身体平衡，在不断调整步态、身体姿势及脚底摩擦力并使之互相匹配的过程中，重心惯性加速度及惯性力也随着重心轨迹及步态的改变而变化。重心惯性力的大小和方向，对身体平衡至关重要，并影响人体行走的稳定性。

3.2.1　重心惯性力的组成

为便于分析外部干扰对人体重心稳定性的影响，将重心惯性加速度分解成水平方向惯性加速度 a_{gy} 及垂直方向惯性加速度 a_{gz}，如图 3-2 中所示。根据轨迹变化趋势、惯性力及惯性加速度的大小及方向不同，单支撑期弧线 ABC 段可分为第一阶段 AB 和第二阶段 BC，单支撑第一阶段水平惯性加速度 a_{gy} 与人体行走方向相反，第二阶段 a_{gy} 与人体行走方向相同，单支撑两个阶段的垂向惯性加速度 a_{gz} 方向一致，均垂直向下。在双支撑阶段（见图 3-2 中圆弧 CDE）中，第一阶段 CD 的水平惯性加速度 a_{gy} 与行走方向一致，第二阶段 DE 加速度 a_{gy} 与行走方向相反，双支撑阶段的垂向惯性加速度 a_{gz} 方向均指向上方。根据定义，各步态阶段水平方向惯性力 F_{gy}、垂直反向惯性力 F_{gz} 的方向与其对应的惯性加速度相反。

由文献可知，单支撑期阶段（$0 \leqslant t \leqslant T_1$）水平和垂直方向的惯性力 F_{gy}、F_{gz} 分别如式（3-1）及式（3-2）所示，其中，$\theta = \dfrac{k_1}{\operatorname{sh} k_2 T_1 / 2}\operatorname{sh}[k_2(t - T_1 / 2)]$。

$$F_{gv} = mg\left[\left(1 - \frac{k_1^2}{\operatorname{sh}^2 k_2 T_1 / 2}\right)\theta - \frac{3}{2}\theta^3\right] \tag{3-1}$$

$$F_{gz} = mg\left[\left(2 - \frac{k_1^2}{2\,\text{sh}^2\,k_2 T_1 / 2}\right)\theta^2 - \frac{1}{2}\theta^4 + \frac{k_1^2}{\text{sh}^2\,k_2 T_1 / 2}\right] \qquad （3\text{-}2）$$

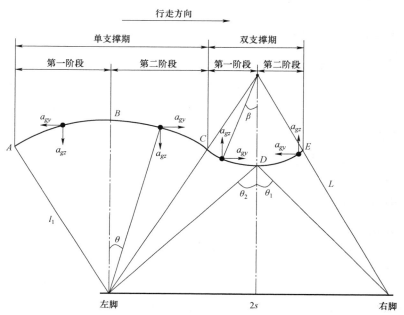

图 3-2　重心轨迹与身体参数及步态参数的位置关系

双支撑阶段（$T_1 < t < T_1 + T_2$）水平和垂直方向的惯性加速度 F_{gy}、F_{gz} 分别如式（3-3）及式（3-4）所示。其中 $\beta = \dfrac{k_1}{\sin k_3 T_2 / 2}\sin k_3\left(\dfrac{T_2}{2} - t\right)$。

$$F_{gy} = mg\left[\left(\frac{k_1^2}{\sin^2 k_3 T_2 / 2} - 1\right)\beta - \frac{1}{2}\beta^3\right] \qquad （3\text{-}3）$$

$$F_{gz} = mg\left(\frac{k_1^2}{\sin^2 k_3 T_2 / 2}\beta^2 - \frac{1}{2}\beta^4 - \frac{k_1^2}{\sin^2 k_3 T_2 / 2}\right) \qquad （3\text{-}4）$$

式（3-1）～式（3-4）中，$k_1 = s / L, k_2 = \sqrt{g / l_1}, k_3 = \sqrt{g / l_2}$。$\theta$ 为单支撑阶段脚底压力中心和重心的连线与通过脚底压力中心的铅垂线之间的夹角，β 为双支撑相中重心和运动轨迹圆心的连线与通过圆心的铅垂线之间的夹角。L 为身高（$L = l_1 + l_2$），s 为二分之一步长。T_1、T_2 分别为单支撑期和双支撑期所经历的时间。

由式（3-1）～式（3-4）可以看出，人体行走过程中重心惯性加速度的大小取决于人体的身体参数及步态参数。

3.2.2　重心水平方向惯性力的变化特征

一、水平静止地面行走时水平方向重心惯性力的变化特征

人体重心惯性力的变化对人体行走过程中身体的平衡状态影响极大，再对其大小和方向进行定量分析，是后期研究不同干扰因素对人体受力及滑摔机制影响的基础。

表 3-1 为受试人员身体参数统计及相关系数的计算结果。设定人体行走步长为 0.7 m，则二分之一步长 s 为 0.35 m。静立时的重心高度 l_1 可由男子重心高度绝对位置的多元回归方程计算得出，其计算公式见式（3-5）。

$$l_1 = -160.328 - 2.834\,9x_1 + 0.643\,9x_2 + 0.115\,0x_3 + 0.051\,9x_4$$

$$（3-5）$$

式中，x_1 为受试者体重（kg），x_2 为身高（mm），x_3 为胸围（mm），x_4 为腰围（mm）。对约 50 名身高 1.75 m 左右的受试者身体参数进行测量统计，然后将各项参数代入式（3-5）计算后取其平均值。各参数的测量计算结果见表 3-1。

对于单支撑期，设定边界条件为 $t = T_1$，$\beta = k_1$，将表 3-1 中各参数代入式（3-1），则可得单支撑期重心水平惯性力 F_{gy}：

$$F_{gy}(t) = 242.93sh^4(2.81t - 0.45) - 82.15(2.81t - 0.45) \quad (0 \leqslant t \leqslant T_1)$$

$$（3-6）$$

对于双支撑期，设定边界条件为 $t = T_1 + T_2$，$\beta = -k_1$，将表 3-1 中参数代入式（3-3），则可得双支撑期重心水平惯性力 F_{gy}。

$$F_{gy}(t) = 230.99\sin(1.93 - 4.38t) - 21.77\sin^3(1.93 - 4.38t) \quad (T_1 < t < T_1 + T_2)$$
$$(3\text{-}7)$$

表 3-1　身体参数统计及相关系数计算结果

参数	二分之一步长/m	重心高度/m	头顶至重心高度/m	整体身高/m	体重/N	参数 k_1	参数 k_2	参数 k_3
表达式	s	l_1	l_2	$L = l_1 + l_1$	G	$k_1 = s/L$	$k_2 = \sqrt{g/l}$	$k_3 = \sqrt{g/l_2}$
计算结果	0.35	1.24	0.51	1.75	688.10	0.20	2.81	4.38

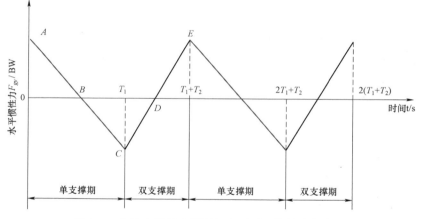

图 3-3　人体水平静止地面行走时重心惯性力的变化

　　根据式（3-6）、式（3-7）可得其相对应的特征曲线，图 3-3 即为人体行走过程中单支撑期和双支撑期重心水平惯性力 F_{gy} 随步态阶段的变化曲线。图 3-3 中点 A、B、C、D、E 与图 3-1 中的点 A、B、C、D、E 相对应。由图 3-3 可知，在单支撑期第一阶段 AB 段，重心水平方向惯性力 F_{gy} 数值逐渐减小，至 B 点降至为零后进入单支撑期第二阶段 BC 段，F_{gy} 改变方向并逐渐增大，至 C 点后进入双支撑第一阶段 CD 段，其方向不变，但数值逐渐减小，至 D 点 F_{gy} 降至为零进入双支撑期第二阶段 DE 段，在此阶段重心力 F_{gy} 改变作用方向并逐渐增大，至 E 点后进入步态循环的第二个单支撑阶段及双支撑阶段，从而完成一个步态循环。在步态循环中，单支撑第一阶段与双支撑第二阶段的水平惯性力 F_{gy} 方向相同，而单支撑第二阶段与双支撑第一阶段 F_{gy} 方向相同。在人体步态从单支撑期进入双支撑期的交点 A、C、E 点，重心水平方向惯性力达到峰值。

由式（3-1）可知，在单支撑阶段，当重心移动至最高点 B 点时，对应的单支撑时间 $t = T_1/2$，此时重心摆动角 $\theta = 0$，因此 $F_{gy} = 0$；当 $t = 0$ 时，摆动角 $\theta = -k_1$，此时 F_{gy} 值最小；当 $t = T_1$ 时，摆动角 $\theta = k_1$，F_{gy} 值达到最大。同样，由式（3-3）可知，在双支撑期，当重心移动至最低点 D 点时，$t = T_2/2$，双支撑期重心摆动角 $\beta = 0$，$F_{gy} = 0$；在双支撑的起始点 $t = 0$ 时，摆动角 $\beta = k_1$，此时双支撑期 F_{gy} 值最大；当 $t = T_2$ 时，摆动角 $\beta = -k_1$，此时双支撑期 F_{gy} 值最小。

二、步态参数对水平方向重心惯性力的影响

人体行走时的步态参数如步速、步长等对行走的脚底所需摩擦系数 $RCOF$ 有较大影响，但对重心惯性力的影响目前尚未研究。因此，研究步态因素对重心惯性力的影响，为更清楚地揭示步态因素对重心失衡的影响具有重要意义。

（1）步速对重心水平方向惯性加速度的影响

将步长设定为 0.7 m。改变人体行走速度，步速分别设定为 1.0 m/s、1.2 m/s、1.4 m/s、1.6 m/s。根据每位受试者在上述步速和步长下行走时实际测得的单支撑期和双支撑经历的时间 T_1、T_2，并取其平均值，可得不同速度下行走时的 T_1、T_2，如表 3-2 所示。将表 3-2 中所列参数及表 3-1 中相关参数分别代入式（3-1）、式（3-3），经计算可得，在以上行走速度下，重心水平惯性力 F_{gy} 所对应的峰值分别为 ±0.17 BW、±0.16 BW、

±0.15 BW、±0.13 BW。不同行走速度下加速度变化曲线如图 3-5 所示。由图 3-4 可知，在步长一定的情况下，人体行走过程中重心水平惯性加速度 F_{gy} 的峰值随步速的增大而减小。

表 3-2   不同步速下支撑期时间（步长：0.7 m）

步速/（m/s）	1.0	1.2	1.4	1.6
单支撑期时间 T_1/s	0.42	0.38	0.31	0.27
双支撑期时间 T_2/s	0.28	0.21	0.20	0.17

由表 3-2 可知，在步长不变时，随行走速度增大，单支撑期时间 T_1 及双支撑时间 T_2 均减小，根据式（3-1）及式（3-3）分析可知，单支撑期及双支撑期重心水平惯性力 F_{gy} 的峰值均随 T_1 及 T_2 的减小而减小。

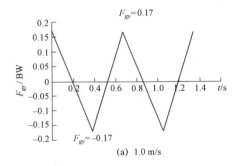

(a) 1.0 m/s

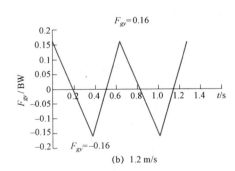

(b) 1.2 m/s

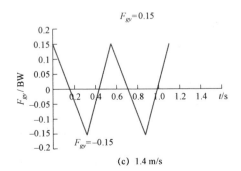

(c) 1.4 m/s

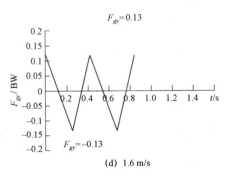

(d) 1.6 m/s

图 3-4   不同步速下行走时 F_{gy} 的变化

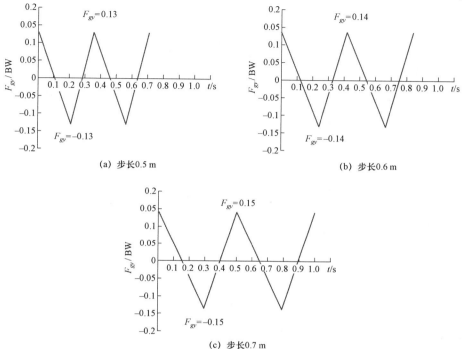

图 3-5　不同步长下行走时 F_{gy} 的变化

（2）步长对重心水平方向惯性力的影响

将步速设定为 1.2 m/s，步长分别设定为 0.5 m、0.6 m、0.7 m，经计算可得其对应的单支撑期时间 T_1 及双支撑期时间 T_2，T_1 及 T_2 分别见表 3-3。

表 3-3　不同步长下支撑期时间（步速：1.2 m/s）

步速/（m/s）	0.5	0.6	0.7
单支撑期时间 T_1/s	0.24	0.29	0.38
双支撑期时间 T_2/s	0.16	0.19	0.21

将表 3-3 中参数及表 3-1 中相关参数分别代入式（3-1）、式（3-3）。经计算可得，当步速为 1.2 m/s 不变，步长分别为 0.5 m、0.6 m、0.7 m 时，其对应的加速度峰值分别为 ±0.13 BW、±0.14 BW、±0.15 BW，不同步

长下的水平惯性力变化曲线见图3-5。结果表明，当步速不变时，重心水平方向惯性加速度峰值随步长的增大而增大。

由式（3-1）与式（3-3）可知，步行速度不变时，随步长增大，单支撑期及双支撑期摆动角 θ 及 β 随步长的增大而增大，同时单支撑期时长 T_1 及双支撑期时长 T_2 也随步长的增大而增大（见表3-3），这两种影响因素均使 F_{gy} 峰值增大。

以上分析表明，重心水平方向惯性力随步长的增大而增大，随步速的增大而减小。因此，人体在行走过程中小步快走可降低重心水平方向惯性力 F_{gy}，大步慢走将使其增大。

3.2.3　重心垂直方向惯性力的变化特征

水平静止地面行走时，重心垂直方向惯性力 F_{gz} 同样随重心轨迹的变化而发生改变。在单支撑期（包括第一阶段及第二阶段），重心垂直方向惯性力 F_{gz} 均指向下方，其表达式见式（3-2）。双支撑期时（包括第一阶段及第二阶段）F_{gz} 均指向上方，其表达式见式（3-4）。根据以上研究，步态参数对人体行走时重心水平方向加速度具有重大影响，对重心垂直方向惯性力的影响也需进一步深入分析。

将表3-1中设定参数及计算结果带入式（3-2）及式（3-4），整理后可得相应条件下单支撑阶段及双支撑阶段重心垂直方向惯性力，分别见式（3-8）、式（3-9）。

$$F_{gz}(t) = -3.51\mathrm{sh}^4(2.81t - 0.45) - 83.55\mathrm{sh}^3(2.81t - 0.45) + 127.08 \quad (0 \leqslant t \leqslant T_1)$$
$$(3\text{-}8)$$

$$F_{gz}(t) = -9.13\mathrm{sh}^4(0.53 - 4.38t) + 8.43\sin^3(0.53 - 4.38t) - 109.53 \quad (T_1 < t < T_1 + T_2)$$
$$(3\text{-}9)$$

根据式（3-8）及式（3-9）可得其特征曲线，如图3-6所示。图3-6中，曲线 ABC 为单支撑期垂向力曲线，曲线 CDF 为双支撑期垂向惯性力曲线。横坐标为行走时间，纵坐标为重心垂向惯性力 a_{gz}，正向表示力方向垂直向上，负向表示力方向垂直向下。在单支撑期，重心惯性力垂直向下，从 A 点开始垂向惯性力数值逐渐增大，至峰值点 B 后逐渐减小至 C 点，然后进入双支撑期。在双支撑期，惯性力 F_{gz} 方向垂直向上，其数值逐渐增大至峰值 D 点，然后逐渐减小至 E 点，完成一个步长的重心垂向惯性力变化，重心垂向惯性力 F_{gz} 以此变化规律随人体的行走过程循环往复。单支撑期惯性力峰值为 F_{gz1}，双支撑期为 F_{gz2}。由图 3-6 可知单支撑期重心垂向惯性力峰值 F_{gz1} 大于双支撑期垂向加速度峰值 F_{gz2}。

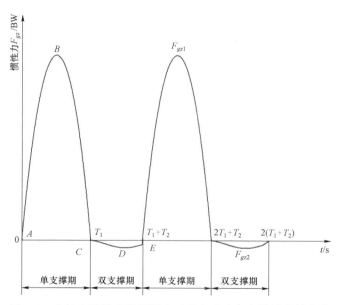

图 3-6   人体水平静止地面行走时重心垂直方向惯性力的变化

根据式（3-2）及式（3-4）分析可知，在单支撑期，当重心移动至曲线 ABC 最高点 B 点时，摆动角 $\theta = 0$，此时垂向力 F_{gz} 方向垂直向下，数值最大。当双支撑期摆动角 $\beta = 0$ 时，对应的 F_{gz} 垂直向上，数值最大。单支撑期重心摆动半径 l_1 大于双支撑期重心摆动半径 l_2，同时摆动时间 T_1 大于 T_2 使得单支撑期的垂向惯性力大于双支撑期。

一、步速对重心垂直方向惯性加速度的影响

设定步长为 0.7 m 不变，改变人体行走速度。步速分别设定为 1.0 m/s、1.2 m/s、1.4 m/s、1.6 m/s，步态参数及支撑期时间 T_1、T_2 与表 3-2 一致，将表 3-2 中计算结果及表 3-1 相关数据分别代入式（3-2）、式（3-4）可得不同步态下的重心垂直惯性力变化曲线及峰值。当步速分别为 1.0 m/s、1.2 m/s、1.4 m/s、1.6 m/s 时，单支撑期垂直惯性力峰值 F_{gz1} 分别为 0.077 BW、0.076 BW、0.075 BW、0.073 BW，双支撑期峰值 F_{gz2} 分别为 0.000 3 BW、0.001 5 BW、0.003 1 BW、0.005 2 BW，不同步速下重心垂向惯性力变化曲线见图 3-7（a）～（d）。

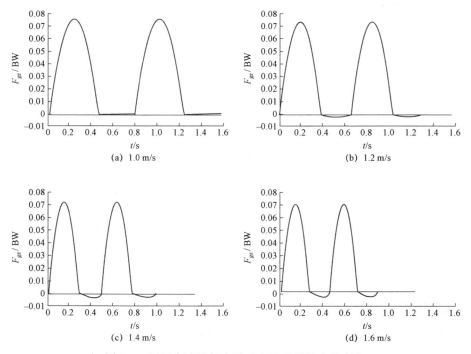

图 3-7　不同步速下行走时重心垂直惯性力的变化

由图 3-7 分析可知，在步长一定的情况下，单支撑期重心垂直惯性力峰值 F_{gz1} 随步速的增大而减小，双支撑期惯性力峰值 F_{gz2} 随步速的增大而增大，但增幅较小。单支撑期的垂向惯性力峰值 F_{gz1} 远远大于双支撑期峰值 F_{gz2}。

由式（3-2）及式（3-4）分析可知，当行走步长不变时，随步速的增大，单支撑期及双支撑期经历时间 T_1 及 T_2 均减小，从而使得单支撑期峰值 F_{gz1} 随之减小而双支撑期峰值 F_{gz2} 增大。

二、步长对重心垂直方向惯性力的影响

步速设定为 1.2 m/s，步长分别设定为 0.5 m、0.6 m、0.7 m、0.8 m，代入式（3-2）、式（3-4）可得不同步长下加速度变化曲线。图 3-8 为步长分别为 0.5 m、0.6 m、0.7 m、0.8 m 时垂向惯性力的变化曲线。由图 3-8

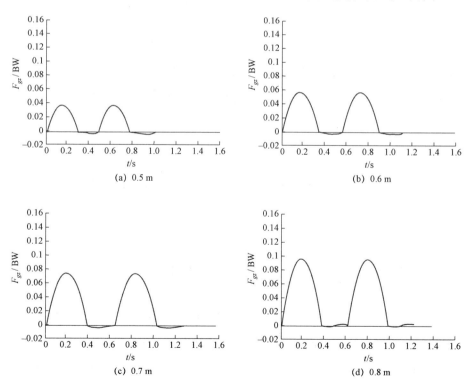

图 3-8　不同步长下行走时重心垂直方向加速度的变化

可知，不同步长下垂向惯性力变化曲线形状相同，单支撑期和双支撑期垂向惯性力方向相反，各有一个峰值点，单支撑期峰值大于双支撑期。计算可得单支撑期最大惯性力 F_{gz1} 在上述步长下分别为 0.039 BW、0.056 BW、0.076 BW、0.099 BW，双支撑期惯性力峰值 F_{gz2} 分别为 0.003 2 BW、0.003 8 BW、0.003 5 BW、0.002 6 BW。由此可知，在相同步速下，单支撑期惯性力峰值 F_{gz1} 随步长的增大而增大。双支撑期惯性力峰值随步长的增大而减小，但双支撑期惯性力峰值远小于双支撑期。

当步速不变时，随步长的增大，单支撑期及双支撑期经历时间 T_1 及 T_2 均增大。由式（3-2）及式（3-4）可知，此时单支撑期峰值随 F_{gz1} 增大而双支撑期峰值 F_{gz2} 减小。

由以上分析可知，行走过程中，人体重心惯性加速度在步态不同阶段其大小及方向均不同。水平惯性加速度峰值出现在单支撑期及双支撑期摆动角最大处，且随摆动角的增大而增大，随支撑期经历的时间 T_1、T_2 的减小而减小，因此，小步长，大步速行走时，水平惯性加速度减小。垂向惯性加速度的峰值出现在单双支撑期的摆动角为 0° 时，其峰值同样受到摆动角和支撑期时长的影响。

3.3　人体行走时的滑摔机制

3.3.1　行走单支撑期人体受力及滑摔机制

人体行走时的步态循环，由单支撑期和双支撑期组成。同时单支撑期和双支撑期根据重心变化及脚底受力状态不同分别又划分为第一阶段及第二阶段。单支撑期第一阶段为脚跟着地阶段，脚底受到与行走方向相反的阻力，速度降低，为脚步制动阶段；第二阶段为脚尖离地阶段，脚尖向后蹬地，脚底受到与向前的推动力，为起动阶段。每个阶段人体受力不同，滑摔机制也不同。

根据文献，人体行走过程中，身体重心在单支撑期的运动可视为倒立摆锤运动，其在单支撑期第一阶段（制动阶段或脚跟触地阶段）的受力可简化为图 3-9 所示形式。为简化模型，便于分析问题，将人体重心简化至两腿的交叉点 O 点处。作用于 O 点的力为重力 G、重心垂直方向惯性力 F_{gz}、水平方向惯性力 F_{gy}。P 点为脚底压力中心，作用其上的力为垂直向上的支撑力 N，与行走方向相反的摩擦力 f。h 为身体重心至行走路面的垂直距离，通过重心 O 作垂直于行走地面的垂线，垂线与地面交点至脚底压力中心 P 点的距离为 y。θ 为直线 OP 与重力作用线之间的夹角。

人体在行走过程中，必须通过各种方式的调整，使身体始终处于动态平衡状态，才能够避免滑摔。而达朗贝尔原理给出了运用静力学平衡方程的形式解决动力学方程的方法，即 "动静法"，这些方程称为 "动态平衡方程"。达朗贝尔原理表明，在质点运动的任一瞬时，作用于质点的各力及该质点的惯性力在形式上构成一平衡力系，该力系对任一点的主力矩也等于零。因此对于行进中的人体来说，则有 $\sum F_i = 0$ 及 $\sum M_O(F_i) = 0$ 才能够使人体保持动态平衡。

单支撑期第一阶段人体受力如图 3-9（a）所示，其中惯性力 F_{gz} 垂直于行走平面指向上方，F_{gy} 平行于行走平面且与行走方向一致。人体重心 O 为 YOZ 坐标系的圆点，行走方向为 Y 轴正向，Z 轴正向垂直地面指向上方。根据达朗贝尔原理，可得单支撑第一阶段的动态平衡方程组（3-10）。

单支撑第二阶段受力分析如图 3-9（b）所示。其中惯性力 F_{gz} 方向不变，水平惯性力 F_{gy} 方向发生改变，与行走方向一致。根据达朗贝尔原理可得方程组（3-11）。

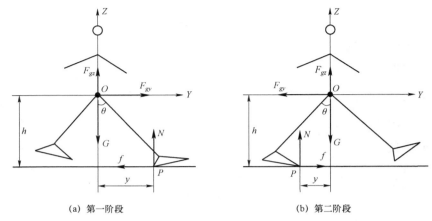

(a) 第一阶段　　　　　　　　　　(b) 第二阶段

图 3-9　水平静止地面行走时单支撑阶段人体受力分析

$$\begin{cases} F_{gy} - f = 0 \\ F_{gz} + N - G = 0 \\ f \cdot h - N \cdot y = 0 \end{cases} \qquad (3\text{-}10)$$

$$\begin{cases} f - F_{gy} = 0 \\ F_{gz} + N - G = 0 \\ N \cdot y - f \cdot h = 0 \end{cases} \qquad (3\text{-}11)$$

方程组（3-10）、（3-11）整理后可得方程组（3-12）。

$$\begin{cases} f = F_{gy} \\ N = G - F_{gz} \\ \dfrac{f}{N} = \dfrac{y}{h} = \tan\theta \end{cases} \qquad (3\text{-}12)$$

由方程组（3-12）可知，单支撑阶段脚底摩擦力 $f = F_{gy}$，$F_{gy} = -ma_{gy}$。摩擦力的大小取决于重心水平惯性力 F_{gy}。根据 3.2 节分析结果可知，F_{gy} 的大小取决于人体的身体参数及步态参数，对于确定个体来说，F_{gy} 随步速的增大而减小，随步长的增大而增大，因此脚底摩擦力 f 的变化与之相同。

脚底支撑力 $N = G + F_{gz}$，G 在行走过程中保持不变，行走过程中支撑力 N 的变化主要取决于垂直方向惯性力 F_{gz}，$F_{gz} = -ma_{gz}$。F_{gz} 的大小同样取决于人体的身体参数及步态参数。由 3.2 节的分析可知，在单支撑阶段，F_{gz} 随步长的增大而增大，步速改变时，F_{gz} 变化不明显。

　　人体行走过程中，除要满足力的平衡外，还必须满足力矩的动态平衡。在力矩平衡公式 $f \cdot h = N \cdot y$ 中，$f \cdot h$ 是阻止滑动的力矩，称为止滑力矩；$N \cdot y$ 为引起滑摔的力矩，称为滑摔力矩。人体行走过程中，如果地面提供的摩擦力 f 能够满足公式 $f \cdot h = N \cdot y$，则人体不会发生滑摔。如果行走时脚底支撑力 N 或步长（y 随步长增大）增大，则滑摔力矩 $N \cdot y$ 增大，人体需通过增大摩擦力 f 或提高重心高度 h 来增大止滑力矩 $f \cdot h$ 以满足公式 $f \cdot h = N \cdot y$，从而使身体保持稳定不摔倒。当脚底支撑力 N 或 y 继续增大，脚底摩擦力 f 达到临界值、重心高度 h 的改变也不再能满足公式 $f \cdot h = N \cdot y$，此时 $f \cdot h < N \cdot y$，即止滑力矩小于滑摔力矩时，人体便会发生滑摔。例如人体在冰面上行走时，由于脚底摩擦力 f 较小，而支撑力 N 较大，人体需通过站直身体提高重心高度 h、小步走以减小 y 来降低滑摔力矩 $N \cdot y$、提高止滑力矩 $f \cdot h$，从而保持滑摔力矩与止滑力矩的平衡，避免摔跤。人体在粗糙路面行走时，由于脚底摩擦力较大，止滑力矩 $f \cdot h$ 很容易平衡滑摔力矩 $N \cdot y$，则人体不容易发生滑摔。

　　在此，将人体行走过程中不发生滑摔时脚底摩擦力 f 与支撑力 N 的比值 f/N 定义为所需摩擦系数 RCOF，即 $RCOF = f/N$，RCOF 为维持人体正常行走所需要的基本摩擦系数；将摩擦力 f 的临界值与支撑力 N 的比值 f/N 定义为临界摩擦系数 CCOF。人体在行走过程时，鞋底和地面之间的临界摩擦系数 CCOF 是客观存在的，临界摩擦系数的数值主要取决于鞋底/地面之间摩擦副的特性，并随人体行走时的步态参数及特定个体稍有波动。鞋底/地面摩擦副确定之后，临界摩擦系数 CCOF 也随之确定。当人体行走过程中脚底所需摩擦系数 RCOF 小于临界摩擦系数 CCOF 时，人体行走是安全的；当 RCOF 大于临界摩擦系数时，人体将会发生滑摔。RCOF 越大，越接近临界摩擦系数 CCOF，人体滑摔风险越高；RCOF 越小，与临界摩擦系数的差值越大，行走安全性越高。因此，临界摩擦系数 CCOF

与所需摩擦系数 $RCOF$ 之间的差值 ΔCOF，见式（3-13），可判定人体行走过程中的滑摔几率。

$$\Delta COF = CCOF - RCOF \qquad (3\text{-}13)$$

在图 3-9 中单支撑第一阶段如果 $f \cdot h < N \cdot y$ 则人体会发生后摔，第二阶段如果 $f \cdot h < N \cdot y$ 则人体将会前摔。因此人体在行走过程中必须时刻调整身体重心高度 h、步长 y，以及调整步行中的速度变化快慢以改变重心惯性力的大小，使之满足方程组（3-12）中力及力矩的平衡才能保持身体稳定不摔跤。

3.3.2 行走双支撑期人体受力及滑摔机制

双支撑期包括第一阶段及第二阶段，不同阶段人体受力分别如图 3-10（a）、图 3-10（b）所示。在双支撑第一阶段，根据达朗贝尔原理，可得方程组（3-14）。

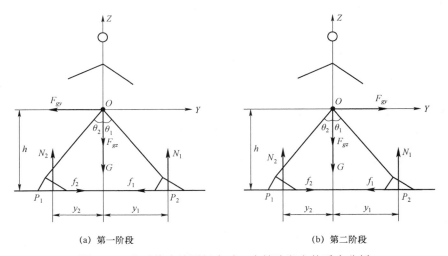

(a) 第一阶段   (b) 第二阶段

图 3-10　水平静止地面行走时双支撑阶段人体受力分析

$$\begin{cases} f_2 - f_1 - F_{gy} = 0 \\ N_1 + N_2 - F_{gz} - G = 0 \\ N_2 \cdot y_2 + f_1 \cdot h - N_1 \cdot y_1 - f_2 \cdot h = 0 \end{cases} \qquad (3\text{-}14)$$

整理后可得方程组（3-15）。

$$\begin{cases} f_2 - f_1 = F_{gy} \\ N_1 + N_2 = F_{gz} + G \\ f_2 - f_1 = N_2 \cdot \tan\theta_2 - N_1 \cdot \tan\theta_1 \end{cases} \tag{3-15}$$

根据方程组（3-15），可得双支撑第一阶段脚底摩擦力及支撑力，见式（3-16）、式（3-17）。

$$N_1 = \frac{(G + F_{gz})\tan\theta_2 - F_{gy}}{\tan\theta_1 + \tan\theta_2}, \qquad N_2 = \frac{(G + F_{gz})\tan\theta_1 + F_{gy}}{\tan\theta_1 + \tan\theta_2}$$
$$\tag{3-16}$$

$$f_1 = \frac{(G + F_{gz})\tan\theta_2 - F_{gy}}{\tan\theta_1 + \tan\theta_2}\tan\theta_1, \qquad f_2 = \frac{(G + F_{gz})\tan\theta_1 + F_{gy}}{\tan\theta_1 + \tan\theta_2}\tan\theta_2$$
$$\tag{3-17}$$

在双支撑期第二阶段，根据力及力矩平衡方程组整理后可得方程组（3-18）。根据式（3-18）可得前后脚摩擦力及支撑力，分别见式（3-19）、式（3-20）。

$$\begin{cases} f_1 - f_2 = F_{gy} \\ N_1 + N_2 = F_{gz} + G \\ f_1 - f_2 = N_1 \cdot \tan\theta_1 - N_2 \cdot \tan\theta_2 \end{cases} \tag{3-18}$$

$$N_1 = \frac{(G + F_{gz})\tan\theta_2 + F_{gy}}{\tan\theta_1 + \tan\theta_2}, \qquad N_2 = \frac{(G + F_{gz})\tan\theta_1 - F_{gy}}{\tan\theta_1 + \tan\theta_2}$$
$$\tag{3-19}$$

$$f_1 = \frac{(G + F_{gz})\tan\theta_2 + F_{gy}}{\tan\theta_1 + \tan\theta_2}\tan\theta_1, \qquad f_2 = \frac{(G + F_{gz})\tan\theta_1 - F_{gy}}{\tan\theta_1 + \tan\theta_2}\tan\theta_2$$
$$\tag{3-20}$$

由方程组（3-20）分析可知，$f_2 - f_1 = F_{gy}$，其中 $F_{gy} \geqslant 0$，因此在双支撑第一阶段，后脚摩擦力大于前脚摩擦力，这是由于后脚此时处于单脚步态阶段的启动期，需较大的动力使身体维持前进状态，在此阶段 f_2 逐步增大至峰值，而前脚处于制动期的初期脚跟开始与地面接触阶段，此时所需摩擦力较小，但随着脚底与地面接触面的增加，f_1 逐渐增加，至双支撑期第二阶段逐渐增至峰值，而此时后脚完成启动，即将进入单支撑期，所需摩擦力 f_2 逐渐减小至零，因此双支撑期第二阶段 $f_1-f_2=F_{gy}\geqslant 0$。

在双支撑期，脚底两支撑力 N_1、N_2 的大小也会随步态发生变化，$N_1+N_2=F_{gz}+G$，支撑力随垂向惯性力 F_{gz} 的改变会使发生变化。由 3.2 节分析可知，尽管垂向惯性力随步速的增大而增大、随步长的增大而减小，但在水平静止地面行走时双支撑期的垂向惯性力极小，对整体支撑力影响不大。

由方程组（3-15）、（3-16）可得，前脚所需摩擦系数 $RCOF_1=f_1/N_1$，后脚所需摩擦系数 $RCOF_2=f_2/N_2$，人体不发生滑摔的前提为 $RCOF_1<CCOF$、$RCOF_2<CCOF$。人体在双支撑行走时必须通过调整步态参数、前后脚支持力和摩擦力的分配以满足力和力矩的平衡，从而避免滑摔。

3.4 水平静止地面行走时脚-地 接触力及步态分布

当人体在水平静止地面上行走时，脚底所受侧向接触力 F_x、前后向接触力 F_y、垂直向上接触力 F_z 的大小随脚底与地面接触过程及时间不断变化。图 3-11（a）为试验实际测得的脚底接触力合力 F，图 3-11（b）为接触力中两个主要分量 F_y、F_z 的合力及随时间的变化，从图 3-11（a）、图 3-11（b）中可以看出在行走过程中合力的大小和方向时刻处于变化之中。图 3-11（c）为接触力三个方向的分量 F_x、F_y、F_z 在不同接触阶段的步态分布特征。

由图 3-11（c）可知，在脚底与地面的整个接触过程中，接触力 F_x、F_y、F_z 均出现两个峰值，第一个峰值分别为 F_{x1}、F_{y1}、F_{z1}，第二个峰值分别为 F_{x2}、F_{y2}、F_{z2}，各力峰值出现的时间段基本相同。侧向接触力 F_x 及

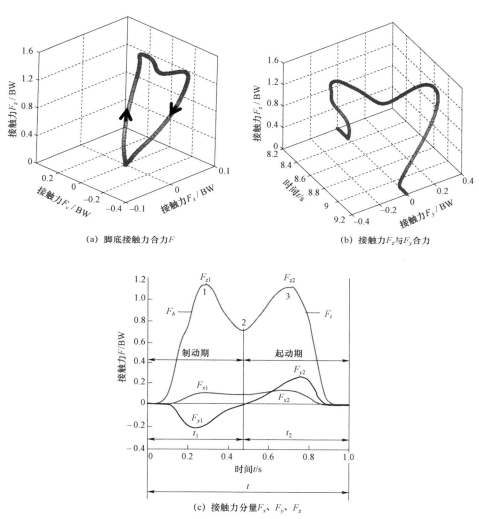

(a) 脚底接触力合力 F

(b) 接触力 F_z 与 F_y 合力

(c) 接触力分量 F_x、F_y、F_z

图 3-11　水平静止路面行走时脚-地接触力及步态分布

垂向接触力 F_z 在整个步态过程中方向保持不变。前后向力 F_y 在 $F_y = 0$ 点处方向发生改变，由负值变为正值，负值对应行走过程脚跟触地的制动期，此时前后向接触力 F_y 与人体行走方向相反；正值对应脚尖离地的起步期，此阶段前后向接触力 F_y 与人体行走方向一致。试验统计计算结果显示，侧向力峰值 $F_{x1} = （0.067 \pm 0.007）$ BW，$F_{x2} = （0.071 \pm 0.008）$ BW，前后向

步进滑摔机制及模糊判断

接触力峰值 F_{y1}、F_{y2} 分别为（0.201±0.010）BW、（0.241±0.010）BW，垂向接触力 F_z 峰值 F_{z1}，F_{z2} 分别为（1.201±0.110）BW、（1.241±0.120）BW，各峰值的离散系数均不超过 10.0%。侧向力 F_x 最小，其对行走安全性的影响最小。

在忽略侧向接触力 F_x 影响的情况下，脚底摩擦力 $f=F_y$，而理论分析表明 $F_y=F_{gy}$，因此，理论上可得 $f=F_y=F_{gy}$，但结合 3.2 节中分析可知，实际测得的 F_y 略大于理论分析所得 F_{gy}，这是由于人体本身是一个能够产生能量和动力的复杂体系，而在分析问题时将人体简化为刚体模型而使两者产生了差异，但两者整体变化趋势相同，数值接近。

图 3-11（c）中的点 2 处为垂向接触力 F_z 的谷值，以 F_v 表示。此点对应于单支撑期的中间点，即图 3-1 中 B 点，此时重心最高，人体双腿垂直于地面。统计结果可得，$F_v=0.870±0.100$ BW。

设定 F_b 为制动期脚底接触力 F_x、F_y、F_z 的合力，F_t 为起动期三维接触力的合力，制动期和起动期的冲量分别如式（3-21）、式（3-22）所示。

$$S_b = \int_0^{T_1} F_b(t) \cdot \mathrm{d}t \tag{3-21}$$

$$S_t = \int_{T_1}^{T_1+T_2} F_t(t) \cdot \mathrm{d}t \tag{3-22}$$

其中 T_1、T_2 分别为制动阶段及起步阶段经历的时间。可见，脚底所受冲量为脚底接触力对时间的累积效应。根据动量定理，物体所受合外力的冲量等于物体动量的增加，即 $mv_2-mv_1=F\Delta t$。因此，在 m 不变的情况下，可根据脚底在制动期和起动期的冲量，推断此阶段内速度的变化量。

试验统计结果表明，水平静止地面行走时制动期与起步期经历时间的比值 t_1/t_2 为 1.07±0.18。制动期冲量 $S_b=$（0.82±0.11）N·s、起步期冲量 $S_t=$（0.77±0.12）N·s，可见在制动期脚底速度变化稍大于起步期。

3.5　水平静止地面行走时脚-地摩擦系数及其分布

　　人体在水平静止地面行走时脚底与地面之间的摩擦系数是人体安全行走所必须的摩擦系数，即所需摩擦系数 $RCOF$。研究表明，步态参数不同、地面条件不同，行走中所需摩擦系数也不同。在相同步态参数及外界条件下，步态循环的不同阶段所需摩擦系数也在不断发生变化。

　　水平静止地面上行走时脚底所需摩擦系数的分布及变化趋势如图 3-12 所示。侧向摩擦系数 $RCOF_y$、前后向摩擦系数 $RCOF_y$ 与整体摩擦系数 $RCOF$ 均有两个峰值点，分别出现在制动期及起动期。统计结果表明，侧向摩擦系数 $RCOF_x$ 峰值 $RCOF_{x1}=0.051\,0\pm0.006\,0$、$RCOF_{x2}=0.070\,0\pm0.008\,0$；前后向摩擦系数 $RCOF_y$ 峰值 $RCOF_{y1}=0.206\,7\pm0.020\,1$、$RCOF_{y2}=0.311\,0\pm0.030\,9$；各峰值的离散系数均不超过 10%。侧向摩擦系数 $RCOF_x$ 最小，前后向摩擦系数 $RCOF_y$ 与整体摩擦系数 $RCOF$ 基本相

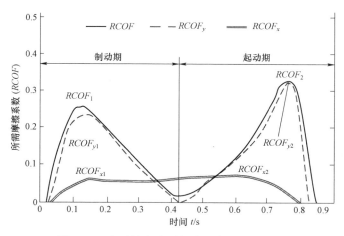

图 3-12　水平静止路面行走时摩擦系数分布

同，因此总体摩擦系数的大小主要取决于前后向摩擦系数，且其制动阶段摩擦系数峰值小于起步阶。水平静止地面行走时的所需摩擦系数属于无外力扰动条件下行走时脚底产生的主动摩擦系数。

3.6 本章小结

通过对人体在水平静止地面上行走时身体平衡条件及滑摔机制的分析，可得如下结论。

（1）人体行走过程中为保持身体动态平衡会产生水平方向和垂直方向的惯性力 F_{gy}、F_{gz}。水平惯性力 F_{gy} 随步速的增大而减小，随步长的增大而增大；垂直方向惯性力 F_{gz} 受步速、步长的改变影响较小。

（2）在单支撑阶段，脚底摩擦力 f 等于重心水平惯性力 F_{gy}，并随水平惯性力的变化而变化；在双支撑阶段，脚底摩擦力的合力大小取决于重心水平惯性力，但随步态的推进，前脚与后脚的摩擦力数值的分配随之改变。

（3）在单支撑阶段，脚底支撑力等于 $N = G - F_{gz}$，重心垂向惯性力 F_{gz} 使脚底支撑力减小；在双支撑阶段，$N_1 + N_2 = F_{gz} + G$，惯性力 F_{gz} 使脚底支撑力增加，前后脚支撑力的分配随步态而改变。

（4）人体在行走过程中，脚底所需摩擦系数 $RCOF$ 越大，即 $\Delta COF = CCOF - RCOF$ 越小，滑摔风险越高。人体在行进过程中，必须通过调整身体参数及步态参数，才能够使身体保持动态平衡，防止摔倒。

第4章　摩擦力方向变化对
人体滑摔机制的影响

当人体在非水平路面行走时，脚底摩擦力及支撑力的方向均发生改变，本章以人体上下坡行走为例，讨论当摩擦力与支撑力的方向发生改变时对人体滑摔机制的影响。

4.1　摩擦力方向变化时人体的滑摔机制

当人体在具有一定坡度的路面上行走时，脚底接触力的大小及方向随上坡、下坡以及坡度角的不同而不同。

4.1.1　人体上坡行走时的滑摔

一、单支撑期

人体在单支撑期的受力分析如图 4-1 所示。上坡行走时坐标系 YOZ 仍以重心 O 为原点，Y 轴正向与行走方向一致，Z 轴垂直于行走路面指向上方。根据 3.2 节分析可得单支撑期第一及第二阶段重心水平方向惯性力 F_{gy} 及垂直方向惯性力 F_{gz} 的方向，分别如图 4-1（a）、图 4-1（b）所示。

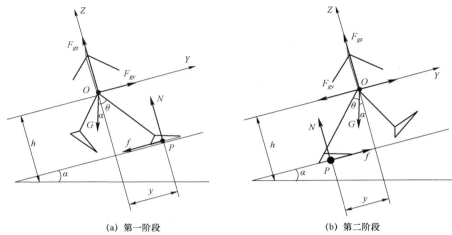

(a) 第一阶段　　　　　　　　　　　(b) 第二阶段

图 4-1　上坡行走时单支撑阶段人体受力分析

上坡行走时，为保持身体动态平衡，人体的受力及力矩应满足方程 $\sum F_i = 0$ 及 $\sum M_O(F_i) = 0$，因此在单支撑第一阶段，可得方程组（4-1）。

$$\begin{cases} F_{gy} - G\sin\alpha - f = 0 \\ F_{gz} - G\cos\alpha + N = 0 \\ f \cdot h - N \cdot y = 0 \end{cases} \tag{4-1}$$

整理后可得方程组（4-2）。

$$\begin{cases} f = F_{gy} - G\sin\alpha \\ N = G\cos\alpha - F_{gz} \\ \dfrac{f}{N} = \dfrac{y}{h} = \tan(\theta - \alpha) \end{cases} \tag{4-2}$$

由方程组（4-2）可知，与水平静止地面行走时的摩擦力 $f = F_{gy}$ 相比，上坡时脚底摩擦力 $f = F_{gy} - G\sin\alpha$，摩擦力 f 减小了 $G\sin\alpha$，其减小值随地面坡度角 α 的增大而增大。因此上坡时摩擦力随坡度角的增大而减小。相比于水平静止地面行走时的支撑力 $N = G - F_{gz}$，上坡时前脚支撑力 $N = G\cos\alpha - F_{gz}$，支撑力减小，坡度角 α 越大，支撑力 N 越小。

由第三章分析可知，只有当脚底所需摩擦系数 $RCOF_1 < CCOF$ 时，

人体才不发生滑动,因此上坡行走时也必须使 $RCOF = \tan(\theta - \alpha) < CCOF$ 才能避免滑摔。由 $RCOF = \tan(\theta - \alpha)$ 可知,随坡度角 α 增大,所需摩擦系数 $RCOF$ 减小,上坡行走时所需摩擦系数比水平静止地面行走时减小量为 $\Delta RCOF$ 见式(4-3)。

$$\Delta RCOF = \tan\theta - \tan(\theta - \alpha) = \frac{(1 + \tan^2\theta)\tan\alpha}{1 + \tan\theta\tan\alpha} \tag{4-3}$$

根据达朗贝尔原理,可得单支撑第二阶段动态平衡方程组(4-4)。整理后可得式(4-5)。

$$\begin{cases} f - G\sin\alpha - F_{gy} = 0 \\ F_{gz} + N - G\cos\alpha = 0 \\ N \cdot y - f \cdot h = 0 \end{cases} \tag{4-4}$$

$$\begin{cases} f = F_{gy} + G\sin\alpha \\ N = G\cos\alpha - F_{gz} \\ \dfrac{f}{N} = \dfrac{y}{h} = \tan(\theta + \alpha) \end{cases} \tag{4-5}$$

由方程组(4-5)可知,上坡行走时单支撑期第二阶段的摩擦力 $f = F_{gy} + G\sin\alpha$ 比水平静止地面行走时增大 $G\sin\alpha$,且随坡度角 α 的增大,脚底摩擦力 f 增大。支撑力 N 与单支撑第一阶段相等,并随坡度角 α 的增大逐渐减小。

随坡度角 α 的增大,脚底所需摩擦系数 $RCOF = \tan(\theta + \alpha)$ 增大。因此,坡度角越大,$\Delta COF = CCOF - RCOF$ 越小,人体滑摔风险随之升高。上坡行走时脚底摩擦系数比水平静止地面行走时摩擦系数的增大量为 $\Delta RCOF$,见式(4-6)。

$$\Delta RCOF = \tan(\theta + \alpha) - \tan\theta = \frac{(1 + \tan^2\theta)\tan\alpha}{1 - \tan\theta\tan\alpha} \tag{4-6}$$

二、双支撑期

双支撑期第一阶段的受力分析如图 4-2(a)所示。惯性力 F_{gy} 与人体行走方向相反，F_{gz} 指向 Z 轴负向。根据达朗贝尔原理可得方程组（4-7），整理后可得方程组（4-8）。

$$\begin{cases} f_2 - f_1 - F_{gy} - G\sin\alpha = 0 \\ N_1 + N_2 - F_{gz} - G\cos\alpha = 0 \\ N_2 \bullet y_2 + f_1 \bullet h - N_1 \bullet y_1 - f_2 \bullet h = 0 \end{cases} \quad (4\text{-}7)$$

$$\begin{cases} f_2 - f_1 = F_{gy} + G\sin\alpha \\ N_1 + N_2 = F_{gz} + G\cos\alpha \\ f_2 - f_1 = N_2\tan(\theta_2 + \alpha) - N_1\tan(\theta_1 - \alpha) \end{cases} \quad (4\text{-}8)$$

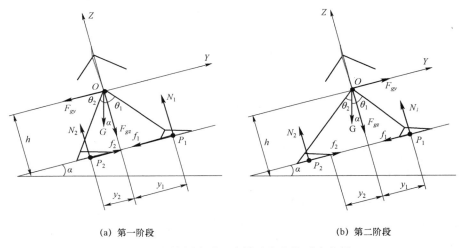

(a) 第一阶段　　　　　　　　　　(b) 第二阶段

图 4-2　上坡行走时双支撑阶段人体受力分析

由方程组（4-8）可知，上坡行走的双支撑第一阶段 $f_2 - f_1 = F_{gy} + G\sin\alpha$，处于起动阶段初期的后脚摩擦力大于处于制动初期的前脚摩擦力，比水平静止地面行走时同阶段增大了 $G\sin\alpha$，增大幅度随坡度角 α 的增大而升高。支撑力合力 $N_1 + N_2 = F_{gz} + G\cos\alpha$，小于水平静止地面行走时同阶段支撑力合力，其减小量为 $\Delta N = G(1 - \cos\alpha)$，且减小量随坡度角 α 的增大而增大。

由方程组（4-8）可得前脚、后脚支撑力 N_1、N_2，前脚、后脚摩擦力 f_1、f_2，分别见式（4-9）~式（4-12）。

$$N_1 = \frac{(F_{gz} + G\cos\alpha)\tan(\theta_2 + \alpha) - (F_{gy} + G\sin\alpha)}{\tan(\theta_1 - \alpha) + \tan(\theta_2 + \alpha)} \tag{4-9}$$

$$N_2 = \frac{(F_{gz} + G\cos\alpha)\tan(\theta_1 - \alpha) + (F_{gy} + G\sin\alpha)}{\tan(\theta_2 + \alpha) + \tan(\theta_1 - \alpha)} \tag{4-10}$$

$$f_1 = \frac{(F_{gz} + G\cos\alpha)\tan(\theta_2 + \alpha) - (F_{gy} + G\sin\alpha)}{\tan(\theta_1 - \alpha) + \tan(\theta_2 + \alpha)} \tan(\theta_1 - \alpha)$$
$$\tag{4-11}$$

$$f_2 = \frac{(F_{gz} + G\cos\alpha)\tan(\theta_1 - \alpha) + (F_{gy} + G\sin\alpha)}{\tan(\theta_2 + \alpha) + \tan(\theta_1 - \alpha)} \tan(\theta_2 + \alpha)$$
$$\tag{4-12}$$

由以上公式可得，前脚所需摩擦系数 $RCOF_1 = \tan(\theta_1 - \alpha)$，后脚所需摩擦系数 $RCOF_2 = \tan(\theta_2 + \alpha)$，后脚所需摩擦系数大于前脚，因此后脚滑摔风险大于前脚。与水平静止状态行走时同阶段相比，前脚所需摩擦系数 $RCOF_1$ 减小 $\Delta RCOF_1 = \tan\theta - \tan(\theta_1 - \alpha)$，后脚增大 $\Delta RCOF_2 = \tan(\theta_2 + \alpha) - \tan\theta$，随坡度角 α 的增大后脚滑摔风险升高。无论前脚还是后脚，必须满足 $RCOF_1 < CCOF$ 及 $RCOF_2 < CCOF$ 才能够避免滑摔。

在双支撑期第二阶段，惯性力 F_{gy} 与人体行走方向一致，F_{gz} 指向 Z 轴负向，人体受力分析如图 4-2（b）所示。根据达朗贝尔原理可得人体安全行走时所需满足的力及力矩平衡方程组（4-13），整理后可得方程组（4-14）。

$$\begin{cases} f_2 + F_{gy} - G\sin\alpha - f_1 = 0 \\ N_1 + N_2 - F_{gz} - G\cos\alpha = 0 \\ N_2 \cdot y_2 + f_1 \cdot h - N_1 \cdot y_1 - f_2 \cdot h = 0 \end{cases} \tag{4-13}$$

$$\begin{cases} f_1 - f_2 = F_{gy} - G\sin\alpha \\ N_1 + N_2 = F_{gz} + G\cos\alpha \\ f_1 - f_2 = N_1\tan(\theta_1 - \alpha) - N_2\tan(\theta_2 + \alpha) \end{cases} \tag{4-14}$$

由方程（4-14）可知，上坡行走时双支撑第二阶段脚底摩擦力 $f_1 - f_2 = F_{gy} - G\sin\alpha$，合力在地面坡度角影响下比水平静止地面行走时同阶

段减小了 $G\sin\alpha$，坡度角 α 越大，f_1 与 f_2 值越接近。当 $f_1 = f_2$ 时，脚底摩擦力合力为零，此时前后向接触力 $F_{gy} = G\sin\alpha$。支撑力合力与双支撑第一阶段相等，$N_1 + N_2 = F_{gz} + G\cos\alpha$，比水平静止地面行走时同阶段支撑力合力减小 $\Delta N = G(1 - \cos\alpha)$，坡度角 α 越大，支撑力减小量越大。前后脚底所需摩擦系数表达式与双支撑第一阶段相同，即前脚 $RCOF_1 = \tan(\theta_1 - \alpha)$、后脚 $RCOF_2 = \tan(\theta_2 + \alpha)$，滑摔机制及滑摔倾向也相同。

由方程组（4-14）可得前脚、后脚支撑力 N_1、N_2，前脚、后脚摩擦力 f_1、f_2，分别见式（4-15）～式（4-18）。

$$N_1 = \frac{(F_{gz} + G\cos\alpha)\tan(\theta_2 + \alpha) + (F_{gy} - G\sin\alpha)}{\tan(\theta_1 - \alpha) + \tan(\theta_2 + \alpha)} \tag{4-15}$$

$$N_2 = \frac{(F_{gz} + G\cos\alpha)\tan(\theta_1 - \alpha) - (F_{gy} - G\sin\alpha)}{\tan(\theta_1 - \alpha) + \tan(\theta_2 + \alpha)} \tag{4-16}$$

$$f_1 = \frac{(F_{gz} + G\cos\alpha)\tan(\theta_2 + \alpha) + (F_{gy} - G\sin\alpha)}{\tan(\theta_1 - \alpha) + \tan(\theta_2 + \alpha)} \tan(\theta_1 - \alpha)$$
$$\tag{4-17}$$

$$f_2 = \frac{(F_{gz} + G\cos\alpha)\tan(\theta_1 - \alpha) - (F_{gy} - G\sin\alpha)}{\tan(\theta_1 - \alpha) + \tan(\theta_2 + \alpha)} \tan(\theta_2 + \alpha)$$
$$\tag{4-18}$$

4.1.2 人体下坡行走时的滑摔

一、单支撑期

下坡行走时，人体在单支撑期的受力分析如图 4-3 所示。在单支撑期第一阶段，惯性力 F_{gy} 与人体行走方向一致，指向 Y 轴正向，惯性力 F_{gz} 指向 Z 轴正向，见图 4-3（a）。根据达朗贝尔原理可得方程组（4-19），经过推导可得方程组（4-20）。

$$\begin{cases} F_{gy} + G\sin\alpha - f = 0 \\ F_{gz} + N - G\cos\alpha = 0 \\ f \cdot h - N \cdot y = 0 \end{cases} \tag{4-19}$$

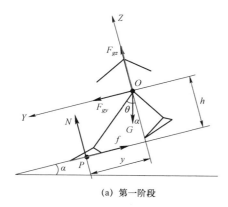

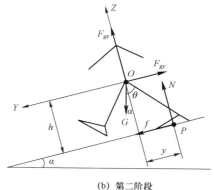

(a) 第一阶段　　　　　　　　　　　(b) 第二阶段

图 4-3　下坡行走时单支撑阶段人体受力分析

$$\begin{cases} f = F_{gy} + G\sin\alpha \\ N = G\cos\alpha - F_{gz} \\ \dfrac{f}{N} = \dfrac{y}{h} = \tan(\theta + \alpha) \end{cases} \qquad (4\text{-}20)$$

由式（4-20）可知，单支撑第一阶段前脚底摩擦力 $f = F_{gy} + G\sin\alpha$，比水平静止地面行走时增大 $G\sin\alpha$，并随坡度角 α 的增大而增大。支撑力 $N = G\cos\alpha - F_{gz}$ 比水平静止地面行走时减小 $\Delta N = G(1-\cos\alpha)$，且减小量随坡度角 α 而增大。因此，随坡度角 α 增大，脚底摩擦力 f 增大而支撑力 N 减小。

单支撑第一阶段脚底所需摩擦系数 $RCOF = \tan(\theta - \alpha)$，同样取决于人体的身体参数、步态参数以及坡度角。相比较于水平静止地面行走，前脚所需摩擦系数增大了 $\Delta RCOF = \tan(\theta + \alpha) - \tan\theta$，坡度升高，其差值越大。要使人体不发生滑摔，同样必须满足判据 $RCOF < CCOF$。$\Delta COF = CCOF - RCOF$ 随坡度的增大而减小。因此，下坡行走时坡度角 α 越大，单支撑第一阶段处于制动期的前脚越易发生滑摔事故。

在单支撑期第二阶段，人体受力分析如图 4-3（b）所示。惯性力 F_{gy} 指向 Y 轴负向，与人体行走方向相反。惯性力 F_{gz} 方向与第一阶段相同，指向 Z 轴正向。根据达朗贝尔原理，可得动态平衡方程组（4-21），整理后可得方程组（4-22）。

$$\begin{cases} G\sin\alpha - F_{gy} + f = 0 \\ N - G\cos\alpha + F_{gz} = 0 \\ f \cdot h - N \cdot y = 0 \end{cases} \quad (4\text{-}21)$$

$$\begin{cases} f = F_{gy} - G\sin\alpha \\ N = G\cos\alpha - F_{gz} \\ \dfrac{f}{N} = \dfrac{y}{h} = \tan(\theta - \alpha) \end{cases} \quad (4\text{-}22)$$

由方程组（4-22）可知，下坡行走的单支撑第二阶段，即起动阶段，后脚摩擦力 $f = F_{gy} - G\sin\alpha$，小于水平静止地面行走时同阶段摩擦力 $f = F_{gy}$，减小量为 $G\sin\alpha$，减小量随地面坡度的升高而增加，因此后脚摩擦力 f 随坡度角 α 的增大而减小。下坡时后脚支撑力 $N = G\cos\alpha - F_{gz}$ 与单支撑期第一阶段相同，随坡度角 α 的增大而减小。

在单支撑期第二阶段，脚底所需摩擦系数 $RCOF = \tan(\theta - \alpha)$，比水平静止地面行走时同阶段减小了 $\Delta RCOF = \tan\theta - \tan(\theta - \alpha)$，而且坡度角 α 越大，$\tan(\theta - \alpha)$ 值越小，因而 $\Delta COF = CCOF - RCOF$ 增大，人体后脚滑摔风险降低，行走稳定性提高。

二、双支撑期

双支撑期第一阶段人体受力分析如图 4-4（a）所示。惯性力 F_{gy} 与人体行走方向相反，F_{gz} 指向 Z 轴负向。根据达朗贝尔原理可得动态平衡方程组（4-23），整理后可得方程组（4-24）。

$$\begin{cases} f_2 + G\sin\alpha - f_1 - F_{gy} = 0 \\ N_1 + N_2 - F_{gz} - G\cos\alpha = 0 \\ N_1 \cdot y_1 + f_2 \cdot h - N_2 \cdot y_2 - f_1 \cdot h = 0 \end{cases} \quad (4\text{-}23)$$

$$\begin{cases} f_2 - f_1 = F_{gy} - G\sin\alpha \\ N_1 + N_2 = F_{gz} + G\cos\alpha \\ f_2 - f_1 = N_2 \tan(\theta_2 - \alpha) - N_1 \tan(\theta_1 + \alpha) \end{cases} \quad (4\text{-}24)$$

由方程组（4-24）可知，下坡时双支撑期第一阶段脚底摩擦力 $f_2 - f_1 = F_{gy} - G\sin\alpha$，比水平静止地面行走时同阶段减小 $G\sin\alpha$，其减小量随坡度角的增大而增大。其中 f_2 随坡度角 α 的增大而减小，f_1 随坡度角 α 增大。支撑力合力 $N_1 + N_2 = F_{gz} + G\cos\alpha$，小于水平静止地面行走时同阶段支撑力合力，其减小量为 $\Delta N = G(1 - \cos\alpha)$，减小量随坡度角 α 的增大而增大。

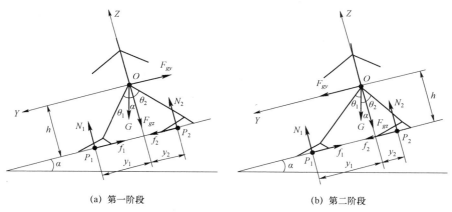

(a) 第一阶段　　　　　　　　　　　(b) 第二阶段

图 4-4　下坡行走时双支撑阶段人体受力分析

在此阶段，前脚所需摩擦系数 $RCOF_1 = \tan(\theta_1 + \alpha)$、后脚所需摩擦系数 $RCOF_2 = \tan(\theta_2 - \alpha)$。随坡度角 α 增大前脚滑摔风险升高而后脚滑摔风险降低。前后脚摩擦系数均须满足条件 $RCOF_1 < CCOF$ 或 $RCOF < CCOF$ 才能防止滑摔。由方程组（4-24）可得前脚、后脚支撑力 N_1、N_2，前脚、后脚摩擦力 f_1、f_2，分别见式（4-25）～式（4-28）。

$$N_1 = \frac{(F_{gz} + G\cos\alpha)\tan(\theta_2 - \alpha) - (F_{gy} - G\sin\alpha)}{\tan(\theta_2 - \alpha) + \tan(\theta_1 + \alpha)} \quad （4-25）$$

$$N_2 = \frac{(F_{gz} + G\cos\alpha)\tan(\theta_1 + \alpha) + (F_{gy} - G\sin\alpha)}{\tan(\theta_2 - \alpha) + \tan(\theta_1 + \alpha)} \quad （4-26）$$

$$f_1 = \frac{(F_{gz} + G\cos\alpha)\tan(\theta_2 - \alpha) - (F_{gy} - G\sin\alpha)}{\tan(\theta_2 - \alpha) + \tan(\theta_1 + \alpha)}\tan(\theta_1 + \alpha) \quad （4-27）$$

$$f_2 = \frac{(F_{gz} + G\cos\alpha)\tan(\theta_1+\alpha) + (F_{gy} - G\sin\alpha)}{\tan(\theta_2-\alpha)+\tan(\theta_1+\alpha)}\tan(\theta_2-\alpha)$$

（4-28）

在双支撑期第二阶段惯性力 F_{gy} 与人体行走方向相同，F_{gz} 方向不变，指向 Z 轴负向，人体受力分析如图 4-4（b）所示。根据达朗贝尔原理可得方程组（4-29），整理后可得方程组（4-30）。

$$\begin{cases} f_2 + G\sin\alpha - f_1 + F_{gy} = 0 \\ N_1 + N_2 - F_{gz} - G\cos\alpha = 0 \\ N_1 \cdot y_1 + f_2 \cdot h - N_2 \cdot y_2 - f_1 \cdot h = 0 \end{cases}$$

（4-29）

$$\begin{cases} f_1 - f_2 = F_{gy} + G\sin\alpha \\ N_1 + N_2 = F_{gz} + G\cos\alpha \\ f_1 - f_2 = N_1\tan(\theta_1+\alpha) - N_2\tan(\theta_2-\alpha) \end{cases}$$

（4-30）

由方程组（4-30）可知，下坡时双支撑期第二阶段脚底摩擦力 $f_1 - f_2 = F_{gy} + G\sin\alpha$，比同阶段在水平静止地面行走时增大 $G\sin\alpha$。随坡度角 α 增大 f_2 减小，f_1 增大。支撑力合力 $N_1 + N_2 = F_{gz} + G\cos\alpha$，小于水平静止地面行走时同阶段支撑力合力，其减小量为 $\Delta N = G(1-\cos\alpha)$，减小量随坡度角 α 的增大而增大。

下坡时双支撑期第二阶段脚底所需摩擦系数表达式与双支撑第一阶段相同，即前脚 $RCOF_1 = \tan(\theta_1+\alpha)$、后脚 $RCOF_2 = \tan(\theta_2-\alpha)$，其随坡度角 α 改变后的滑摔风险及需满足的稳定条件也与双支撑期第一阶段相同。由方程组（4-30）可得前脚、后脚支撑力 N_1、N_2，前脚、后脚摩擦力 f_1、f_2，分别见式（4-31）～式（4-34）。

$$N_1 = \frac{(F_{gz} + G\cos\alpha)\tan(\theta_2-\alpha) + (F_{gy} + G\sin\alpha)}{\tan(\theta_2-\alpha)+\tan(\theta_1+\alpha)}$$

（4-31）

$$N_2 = \frac{(F_{gz} + G\cos\alpha)\tan(\theta_1+\alpha) - (F_{gy} + G\sin\alpha)}{\tan(\theta_2-\alpha)+\tan(\theta_1+\alpha)}$$

（4-32）

$$f_1 = \frac{(F_{gz} + G\cos\alpha)\tan(\theta_2-\alpha) + (F_{gy} + G\sin\alpha)}{\tan(\theta_2-\alpha)+\tan(\theta_1+\alpha)}\tan(\theta_1+\alpha)$$

（4-33）

$$f_2 = \frac{(F_{gz} + G\cos\alpha)\tan(\theta_1 + \alpha) - (F_{gy} + G\sin\alpha)}{\tan(\theta_2 - \alpha) + \tan(\theta_1 + \alpha)}\tan(\theta_2 - \alpha)$$

（4-34）

4.2 摩擦力方向改变对接触力大小及 分布的影响

根据 4.1 节的分析可知，人体在非水平路面行走时，脚底摩擦力 f 及支撑力 N 发生改变，变化量取决于路面坡度。坡度角不同，其变化量也不同。

4.2.1 摩擦力方向改变对脚底接触力分布的影响

图 4-5 为人体在具有一定坡度的地面上行走时脚底垂直于地面的接触力峰值 F_{z1}、F_{z2}、脚底侧向接触力峰值 F_{x1}、F_{x2}。统计结果表明，

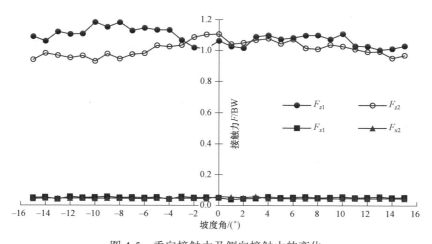

图 4-5　垂直接触力及侧向接触力的变化

$F_{x1} = (0.061 \pm 0.004\ 4)\ BW$，$F_{x2} = (0.005\ 8 \pm 0.003\ 4)\ BW$，离散系数均小于 10%。与水平静止地面行走相比，F_{x1} 减小 8.9%，F_{x2} 减小 17.1%，说明坡面行走时侧向接触力略小于水平静止地面，地面坡度角对侧向力 F_x 影响不大。垂向接触力 F_z 在行走过程中力的方向不随坡度角的变化而发生改变，始终指向 Z 轴正向。起动阶段支撑力峰值 F_{z2} 在上、下坡时随坡度角增大而减小。制动阶段支撑力峰值 F_{z1} 在上坡时随坡度角增大而减小，而在下坡时变化不明显。

人体在行走时，前后向接触力 F_y 在步态循环不同阶段方向发生改变，因此设定 F_y 与人体行走方向相同时为正，F_y 与人体行走方向相反时为负。

图 4-6 为上、下坡行走时前后向接触力峰值随坡度角的变化曲线。由图 4-6 可知，上坡行走时制动阶段前后向力峰值 F_{y1} 与人体行走方向相反，且随坡度角 α 的增大而减小。与此同时，与人体行走方向相同且为人体提供向前行走动力的起动阶段峰值 F_{y2} 随坡度角 α 的增大而增大。当上坡角度增大到 $\alpha = 10°$ 时，后脚前后向力峰值 $F_{y1} = 0$，根据此前分析，图 4-6 中的前后向力 F_y 为脚底摩擦力 f 和人体重力沿 Y 轴方向产生的分力的合力。忽略较小的侧向力 F_x，可得 $F_{y1} = f_1 + G\sin\alpha$，当 $F_{y1} = 0$ 时，$F_{y1} = f_1 + G\sin\alpha = 0$，因此 $f_1 = -G\sin\alpha$。说明在坡度角 $\alpha = 10°$ 时，前脚摩擦力 f_1 方向发生改变，变为与行走方向相同，且大小为 $G\sin\alpha$。并随坡度角 α 的增大而增大。对力归一化处理后，坡度角 $\alpha = 10°$ 时，摩擦力 $f_1 = \sin 10° = 0.173\ 6\ BW$。起动期峰值 F_{y2} 方向保持向前不变，且随坡度角 α 的增大而增大。因此，当上坡角度 $\alpha > 10°$ 时，步态中不再存在制动阶段，人体行走整个步态中都在蹬地，以克服坡度角 α 和重力 G 产生的平行于行走坡面的阻力 $G\sin\alpha$，以便为身体提供向前的摩擦力，即前进的动力。

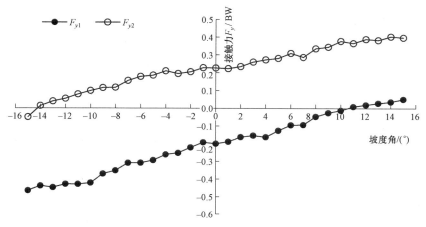

图 4-6　前后向接触力的变化

下坡行走时,制动阶段的接触力峰值 F_{y1} 同样为负,与行走方向相反,随坡度角 α 的增大其方向保持不变且数值增大。F_{y2} 出现在步态的起步阶段,与人体行走方向一致。此时人体的重力分量 $G\sin\alpha$ 也与行走方向相同,可为人体行走提供动力,分量 $G\sin\alpha$ 随坡度角 α 增大而增大,$G\sin\alpha$ 的增大降低了起动期前后向接触力 F_{y2}。因此随坡度角增大 F_{y2} 减小。当坡度角 $\alpha = 14°$ 时,前后向接触力峰值 $F_{y2} = 0$,即 $F_{y2} = f_2 - G\sin\alpha = 0$,所以 $f_2 = G\sin\alpha$。当坡度角 $\alpha > 14°$ 时,$F_{y2} < 0$,即 $f_2 < G\sin\alpha$,合力 F_{y2} 方向变化为与人体行走方向相反,且随坡度角 α 的增大,F_{y2} 数值增大。$F_{y2} = 0$ 时对应的摩擦力 $f_2 = \sin14° = 0.241\ 9\ \text{BW}$。当下坡时的坡角度 $\alpha > 14°$ 时,步态阶段中的起动阶段消失,人体行走整个步态全部处于制动状态,以抵消与行走方向相同的力 $G\sin\alpha$,防止身体向下滑动,从而保持行走的稳定。

对图 4-6 中前后向接触力 F_y 随坡度角 α 的数值变化分别进行直线拟合后可得,$F_{y1} = 0.018\ 2\alpha - 0.203$（$R^2 = 0.969\ 2$）,$F_{y2} = 0.013\ 4\alpha + 0.223\ 4$（$R^2 = 0.990\ 6$）。$F_{y1}$ 及 F_{y2} 与坡度角 α 之间的相关系数分别为 $r_1 = 0.984\ 5$、$r_2 = 0.995\ 3$。因此 F_{y1} 及 F_{y2} 与坡度角 α 之间具有高度的线性正相关关系。

图 4-7 为上、下坡行走时前后向接触力 F_y 的分布及随坡度角的变化特征。由图 4-7 可以看出，当上坡行走时，随坡度角 α 的增大，制动期经历的时间 t_1 随坡度角 α 的增大逐渐减小，当坡度角 $\alpha>10°$ 时，制动期消失，全部变为与行走方向一致的起动阶段 t_2，且起动期时间随坡度角的增加而延长。

下坡行走时，随坡度角 α 增大，制动阶段所经历的时间 t_1 逐渐延长，起动期时间 t_2 逐渐缩短，当下坡度角 $\alpha>14°$ 时，起动期消失，步态阶段全部变为制动阶段。

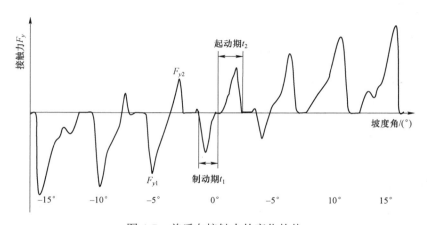

图 4-7　前后向接触力的变化趋势

4.2.2　摩擦力方向变化对脚底接触力大小的影响

一、上坡行走

由 4.1 节的分析可知，在静止地面上行走时，单支撑阶段脚底摩擦力 $f=F_{gy}$，如果忽略极小的侧向力，此处的 f 即为试验时测得的前后向接触力 F_y，即 $f=F_{gy}=F_y$。而在上坡行走单支撑第一阶段，根据分析可得脚底摩擦力 $f=F_{gy}-G\sin\alpha$，此处 f 同样为试验测得的前后向接触力 F_y，即

$F_y = F_{gy} - G\sin\alpha$，设定上坡行走时重心惯性力 F_{gy} 不变，即可得 $F_y = F_{gy} -$ $G\sin\alpha = f - G\sin\alpha$，此处的 f 为水平静止地面行走时脚底摩擦力。说明上坡行走单支撑第一阶段的脚底接触力等于水平静止地面行走时的摩擦力减去 $G\sin\alpha$。同理，可推出在双支撑第二阶段摩擦力合力比水平静止地面行走时同阶段也减小了 $G\sin\alpha$。上坡行走的单支撑第二阶段，前后向接触力 $F_y = F_{gy} + G\sin\alpha = f + G\sin\alpha$，可以得出脚底前后向接触力 F_y 的数值比水平静止地面行走时同阶段摩擦力增大了 $G\sin\alpha$。分析后可知，双支撑期第一阶段脚底前后向接触力同样比水平静止地面行走时脚底摩擦力增大了 $G\sin\alpha$。

　　单只脚与地面接触过程中，单支撑期第一阶段及双支撑期第二阶段均属于制动阶段，而单支撑期第二阶段及双支撑期第一阶段均属于起动阶段。因此，与水平静止地面上行走相比，上坡行走时，制动阶段的脚底前后向接触力 F_y 减小 $G\sin\alpha$，而起动阶段脚底前后向接触力 F_y 增大了 $G\sin\alpha$。从整个步态上看，即为前后向接触力的步态分布曲线向上平移 $G\sin\alpha$，其变化示意图见图 4-8（a）。

　　在步态循环中，对于脚底支撑力来说，单支撑期两个阶段脚底支撑力 N 及双支撑期两个阶段前脚支撑力 N_1 及后脚支撑力 N_2 均比水平静止地面行走时减小 $G(1 - \cos\alpha)$，考虑到双支撑期是由前、后两只脚承担脚底压力，减小的压力分配在两只与地面接触的脚上，因此每只脚比水平静止地面行走时减小 $G(1 - \cos\alpha)/2$。

二、下坡行走

　　下坡行走时，在单支撑期第一阶段，前后向接触力 $F_y = F_{gy} + G\sin\alpha = f + G\sin\alpha$，比水平静止地面行走时同阶段的摩擦力 f 增大 $G\sin\alpha$，双支撑第二阶段同样增大了 $G\sin\alpha$。下坡行走的单支撑期第二阶段，脚底前后向接触力 $F_y = F_{gy} - G\sin\alpha = f - G\sin\alpha$，比水平静止地面行走时同阶段的摩擦

力 f 减小 $G\sin\alpha$，双支撑期第一阶段同样减小 $G\sin\alpha$。因此下坡行走时，随坡度角的变化，前后向接触力 F_y 整体下移 $G\sin\alpha$。

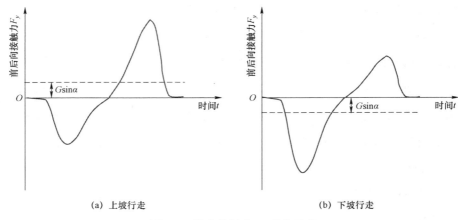

(a) 上坡行走   (b) 下坡行走

图 4-8　脚底接触力 F_y 变化示意

根据 4.1 节支撑力表达公式分析可得，在整个步态循环中，前脚支撑力 N_1 及后脚支撑力 N_2 均比水平静止地面行走时减小 $G(1-\cos\alpha)/2$。

三、脚底主动摩擦力的变化

当人体行走时，脚底侧向力的数值极小，而且坡度角对侧向力几乎没有影响，在分析时可以忽略不计。由之前分析可知，人体上下坡行走时脚底前后向接触力的变化可通过水平行走时接触力分布曲线经过上下平移得到。上坡时向上平移 $G\sin\alpha$，下坡时向下平移 $G\sin\alpha$。脚底前后向接触力减去坡度所引起的重力的分量后，即为实际行走时脚底产生的主动摩擦力 f。经计算可得到脚底主动摩擦力峰值 f_{p1}、f_{p2} 随坡度角的变化趋势，如图 4-9 所示。

由图 4-9 可知，主动摩擦力第一个峰值 f_{p1} 随坡度角 α 的变化没有明显变化，对数据进行统计分析可知，$f_{p1}=0.203\pm0.012$ BW，离散系数为 5.9%，小于 10%。其平均值为 0.203 BW，接近于水平静止地面行走时的数值 0.201 BW。因此，可以说上下坡行走时主动摩擦力第一个峰值 f_{p1} 不随地面角度而变化。

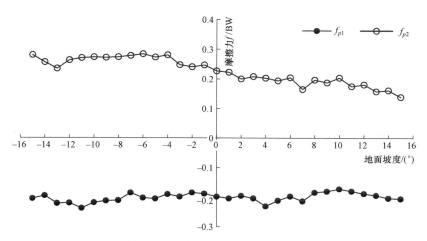

图 4-9　主动摩擦力随坡度的变化

由图 4-9 可知，上坡行走时，随坡度角 α 增大，处于起动的期摩擦力第二个峰值 f_{p2} 随坡度角 α 的增大而减小；下坡行走时，f_{p2} 随坡度角 α 增大略有增大。

由前述分析可知，脚底摩擦力 $f_{p2} = F_{gy}$，F_{gy} 为重心行走方向的惯性力。f_{p2} 处于步态的起动阶段，起动阶段脚底摩擦力 f_{p2} 与惯性力 F_{gy} 方向相同。在上坡行走时，重力分量 $G\sin\alpha$ 与人体行走方向相反，与惯性力 F_{gy} 方向相同，脚底前后向接触力 $F_{y2} = F_{gy} + G\sin\alpha = f_{p2} + G\sin\alpha$，与静止地面行走时相比，人体需要较小的惯性力 F_{gy} 即可满足身体力和力矩的动态平衡，因此惯性力 F_{gy} 比水平静止地面行走时减小，从而使脚底摩擦力减小。

下坡行走时，重力的分量 $G\sin\alpha$ 与人体行走方向相同，与惯性力 F_{gy} 方向相反，$F_{y2} = F_{gy} - G\sin\alpha = f_2 - G\sin\alpha$，与水平静止地面行走相比，人体需克服重力产生的分量 $G\sin\alpha$ 以保持身体的动态平衡，因此惯性力 F_{gy}

比水平静止地面行走时增大，摩擦力 f_{p2} 随之增大，并随坡度角 α 的增大而增大。

4.3　摩擦力方向对摩擦系数的影响

4.3.1　脚底所需摩擦系数

图 4-10 为安全行走时脚底所需摩擦系数峰值。由图 4-10 可以看出，侧向所需摩擦系数两峰值 $RCOF_{x1}$、$RCOF_{x2}$ 不随上、下坡角度变化而改变。经统计可得侧向摩擦系数峰值 $RCOF_{x1}$、$RCOF_{x2}$ 分别为 0.051 0±0.005 7 及 0.054 0±0.010 5，其离散系数分别为 11.2%、19.4%。$RCOF_{x1}$ 的均值与水平静止地面行走时一致，$RCOF_{x2}$ 的均值略小于水平静止地面行走，离散系数增大，说明在坡度面上行走时 $RCOF_{x1}$ 不受坡度角影响，$RCOF_{x2}$ 的波动大于水平静止地面行走。

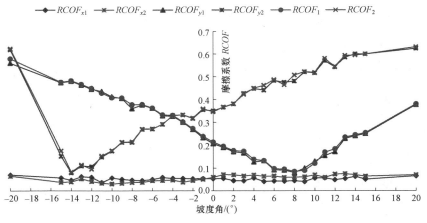

图 4-10　所需摩擦系数随坡度角的变化

由图 4-10 可知，前后向所需摩擦系数峰值 $RCOF_{y1}$、$RCOF_{y2}$ 与整体所需摩擦系数 $RCOF_1$、$RCOF_2$ 的变化趋势相同，两曲线几乎重合，说明由于侧向力 F_x 值较小，整体摩擦系数的数值大小主要取决于前后向接触力 F_y。上坡行走时 $RCOF_{y1}$ 与 $RCOF_1$ 随坡度角的增加逐渐减小，至 $7°\sim9°$ 之间时降至最低，然后逐渐增大。由之前对前后向接触力 F_y 的分析可知，在上坡时，当坡度角较小时，F_{y1} 与行走方向相反并随坡度角的增大而减小，当坡度角增大至 $10°$ 左右时，F_{y1} 降至为零，之后随坡度角增大，接触力 F_{y1} 改变方向，与行走方向一致，并随坡度角的增大而增大。因此上坡行走时所需摩擦系数 $RCOF_{y1}$ 与 $RCOF_1$ 在 $7°\sim9°$ 数值降低，而后随坡度角增大。上坡行走时，处于起动期的前后向摩擦系数峰值 $RCOF_{y2}$ 与 $RCOF_2$ 由于其对应的脚底接触力峰值（见图 4-6）随坡度角升高而增大且方向保持不变，因此其数值呈上升趋势。

下坡行走时，所需摩擦系数 $RCOF_{y1}$ 与 $RCOF_1$ 由于其对应的脚底接触力 F_{y2} 随下坡角度的增大而增大，且方向保持不变，因此其数值保持上升趋势。处于起动阶段的 $RCOF_{y2}$ 与 $RCOF_2$ 随坡度角增大而减小，当坡度角增大至 $12°\sim14°$ 时，摩擦系数减至最低，之后逐渐升高。由图 4-6 可知，下坡时，起动期前后向接触力峰值 F_{y2} 随坡度角的增大而减小，当坡度角增大至 $14°$ 时，其对应的力 F_{y2} 降至为零，其后方向改变为与行走方向一致，并随坡度角的增大而增大。因此 F_{y2} 对应的摩擦系数 $RCOF_{y2}$ 与 $RCOF_2$ 在 $12°\sim14°$ 出现最低值，然后随坡度角的增大而增大。

由图 4-10 发现，当下坡和上坡角度增大至 $20°$ 时，人体脚底所需摩擦系数 $RCOF_2$ 所对应的值分别为 0.624 9 和 0.631 9。通过试验时的观察记录，当上下坡角度 $20°$ 行走时，人体脚底开始出现滑动，且随脚底与地面接触时间的延长，滑动速度逐渐增加，此时脚底所需摩擦系数增至峰值后迅速降低。据此可以判定，脚底对应的摩擦系数峰值，即为脚底开始滑动时的临界摩擦系数 $CCOF$。本试验条件下，脚底临界摩擦系数的数值范围为 0.624 9～0.631 9。

4.3.2　主动摩擦系数

在所需摩擦系数 $RCOF_y$ 与 $RCOF$ 的计算中，其对应的前后向力 F_y 为脚底摩擦力及重力的分量 $Gsin\alpha$ 的合力，当只考虑脚底主动摩擦力 f 时，其前后脚对应的主动摩擦系数峰值 u_{p1}、u_{p2} 见图 4-11。

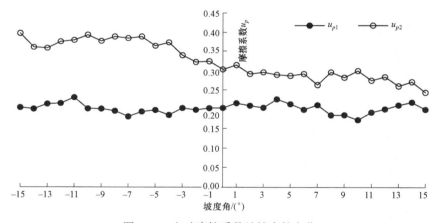

图 4-11　主动摩擦系数随坡度的变化

由图 4-11 可知，处于制动期的主动摩擦系数第一个峰值 u_{p1} 随坡度角变化不明显，统计分析结果表明，主动摩擦系数第一个峰值 u_{p1} = 0.201 6±0.042 8，其数值随坡度角变化在均值 0.201 6 上下波动，离散系数为21.2%，波动较大，但其均值与水平静止地面行走时的摩擦系数 0.206 7基本一致。

处于起动期的主动摩擦系数第二个峰值 u_{p2} 在上坡时随坡度角的增大

而减小，下坡时随坡度角的增大呈增大趋势。其变化与起动期摩擦力峰值 f_{p2} 趋于一致。

4.4　本章小结

本章从理论和试验两方面分析了脚底摩擦力方向改变对脚底接触力及滑摔机制的影响，经分析可得出如下结论。

（1）侧向接触力 F_x 不随地面角度变化，前后向接触力 F_y 及垂向接触力 F_z 变化较大。上坡行走时，制动期前后向接触力 F_y 减小 $G\sin\alpha$，起动期 F_y 增大 $G\sin\alpha$；下坡行走时，制动期前后向接触力 F_y 增大 $G\sin\alpha$，起动期 F_y 减小 $G\sin\alpha$。垂向接触力 F_z 在上、下坡时均减小 $G(1-\cos\alpha)/2$。

（2）随坡度角变化，侧向所需摩擦系数 $RCOF_x$ 不受影响，前后向所需摩擦系数 $RCOF_y$ 及整体摩擦系数 $RCOF$ 变化较大。上坡行走时 $RCOF_{y1}$ 及 $RCOF_1$ 随坡度角的增大而减小，在 7°～9° 出现拐点，$RCOF_{y2}$ 及 $RCOF_2$ 随坡度角的增大一直呈上升趋势；下坡行走时，$RCOF_{y1}$ 及 $RCOF_1$ 随坡度角的升高呈上升趋势，$RCOF_{y2}$ 及 $RCOF_2$ 随坡度角的增大而增大，在 12°～14° 之间出现拐点。人体滑摔风险随 $RCOF_y$ 及 $RCOF_1$ 峰值的增大而升高。本试验条件下，脚底临界摩擦系数的数值范围为 0.624 9～0.631 9。

（3）脚底主动摩擦力第一个峰值 f_{p1} 及摩擦系数第一个峰值 u_{p1} 不随角度变化，其均值与水平静止地面行走时基本相等；处于起动阶段的摩擦力第二个峰值 f_{p2} 及第二个摩擦系数峰值 u_{p2} 当坡度角由下坡最大角度变化到上坡最大角度时，f_{p2} 及 u_{p2} 均呈缓慢减小趋势。

（4）摩擦力方向的变化，使行走时的步态分布发生变化。上坡行走时，随角度α的增大制动阶段时间减少，起动阶段时间延长，当角度增大至 10° 左右时，制动阶段消失，步态中只存在起动阶段。下坡行走时，起动阶段时间随角度α的增大而延长，起动阶段逐渐缩短，当角度α增大至 14° 左右时，起动阶段消失，步态中只有制动阶段。

第 5 章　水平方向外力对人体滑摔机制的影响

5.1　水平外力对人体重心惯性力的影响

在水平静止地面上行走时，人体仅受到重力场作用，行走时重心水平惯性力的大小取决于行走时的步态参数及身体姿势。当人体在非匀速运动的物体上行走时，运动物体加速度产生的外力将作用于人体，改变人体受力状态。本章根据力台水平运动加速度对人体产生的惯性力，研究水平方向外力对人体受力状态、脚底摩擦力，以及滑摔机制的影响。

为研究水平外力对人体滑摔的影响，安装有测力台的试验机上平台以正弦规律沿图 2-2 中 Y 轴方向水平往复运动，同时使人体在上平台上沿 Y 轴方向行走。这样，人体将受到与力台运动加速度方向相反的水平惯性力 F_{ay} 的作用。上平台位移运动方程见式（2-1），平台运动加速度方程见式（2-3）。

将力台水平运动加速度以符号 a_y 表示。由式（2-3）可知，力台运动加速度以正弦规律变化，因此力台加速度 a_y 的大小及方向在力台运动过程中不断发生变化，而人体重心水平方向惯性加速度在不同的支撑阶段方向也不相同。同时人体在力台上行走时，步态与力台运动状态之间的对应关系是随机的，两者加速度的方向始终在变化。但无论怎样变化，人体重心水平惯性加速度 a_{gy} 的方向与力台惯性加速度 a_y 的方向只存在两种情况，即方向相同或方向相反。当两加速度方向相同时，作用于人体的整体加速度增大，为正向叠加，此时设定力台加速度 $a_y > 0$。当 $a_y > 0$ 时，重心水平惯性加速度 a_{gy} 及力台运动加速度 a_y 分别对应的惯性力 F_{gy}、F_{ay} 也为正向叠加；当两者方向相反时，整体加速度减小，为反向叠加，设定此时力台加速度 $a_y < 0$。当 $a_y < 0$，惯性力 F_{gy}、F_{ay} 同样处于方向叠加状态。设定叠加后的整体加速度为 a_h，则 $\vec{a}_h = \vec{a}_y + \vec{a}_{gy}$。叠加后的整体惯性力设定为 F_{ah}，则 $\vec{F}_{ah} = \vec{F}_{gy} + \vec{F}_{ay}$。

分别将单支撑期和双支撑期人体重心水平方向惯性力方程式（3-1）、式（3-3）与惯性力 F_{ah} 的方程式（2-4）叠加，即得式（5-1）、式（5-2），其中 $a_h(t)$ 为两加速度叠加后的总体水平加速度。式（5-1）为单支撑期重心水平方向加速度，式（5-2）为双支撑期重心水平方向惯性力叠加方程。

$$F_{ah}(t) = mg\left[\left(1 - \frac{k_1^2}{\mathrm{sh}^2 k_3 T_2 / 2}\right)\beta - \frac{1}{2}\beta^3\right] + 4\pi^2 f^2 A \cdot \sin(2\pi ft \pm \pi/2) \quad (T_1 \leqslant t \leqslant T_1)$$

（5-1）

$$F_{ah}(t) = mg\left[\left(1 - \frac{k_1^2}{\sin^2 k_3 T_2 / 2}\right)\beta - \frac{1}{2}\beta^3\right] + 4\pi^2 f^2 A \cdot \sin(2\pi ft \pm \pi/2) \,(T_1 < t < T_1 + T_2)$$

（5-2）

将表 3-1 中数据代入式（5-1）、式（5-2），可分别得出单支撑期与双支撑期重心水平方向惯性力的计算式（5-3）、式（5-4）。

$$\begin{aligned} F_{ah}(t) = {} & 242.93\,\mathrm{sh}(2.81t - 0.45) - 82.15\,\mathrm{sh}^3(2.81t - 0.45) \\ & + 280.84\pi^2 f^2 A \cdot \sin\left(2\pi ft \pm \pi/2\right) \quad (0 \leqslant t \leqslant T_1) \end{aligned}$$

（5-3）

$$\begin{aligned} F_{ah}(t) = {} & 230.99\sin(1.93 - 4.38t) + 21.77\sin^3(1.93 - 4.38t) \\ & + 280.84\pi^2 f^2 A \cdot \sin\left(2\pi ft \pm \pi/2\right) \quad (T_1 \leqslant t \leqslant T_1 + T_2) \end{aligned}$$

（5-4）

一、惯性力正向叠加

重心水平惯性力 F_{gy} 与力台水平惯性力 F_{ay} 的正向叠加状态见图 5-1。

图 5-1 中曲线 *ABCDE* 为重心水平惯性力曲线，曲线 *A'B'C'D'E'* 为力台惯性力变化曲线。重心水平惯性力 F_{gy} 的峰值 *A* 点与力台惯性力 F_{ay} 峰值 *A'* 点相叠加，两者为正向叠加，叠加结果使重心总体惯性力 F_{ah} 的数值增大。

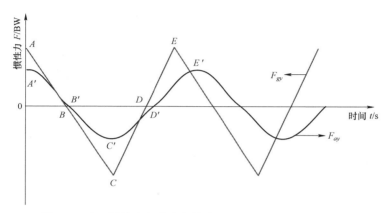

图 5-1　重心惯性力与力台惯性力的在水平方向的正向叠加

确定人体行走速度为 1.2 m/s，步长为 0.7 m。改变力台的运动状态。设定力台运动幅值为 0.3 m，运动频率 f 分别为 0.1 Hz、0.15 Hz、0.2 Hz、0.25 Hz，计算可得力台所对应的加速度峰值分别为 ± 0.12 m/s^2、± 0.27 m/s^2、± 0.47 m/s^2、± 0.74 m/s^2。调整力台加速度方程的相位使力台在上述运动条件下的加速度峰值点与人体重心加速度峰值点正向叠加，使两者作用于人体的惯性力方向相同且最大值叠加。将惯性力除以体重进行归一化处理后，图 5-2 即为不同参数下惯性力峰值正向叠加后的曲线。

由图 5-2 可知，水平惯性力 F_{ay} 与人体重心水平惯性力 F_{gy} 正向叠加时，随力台加速度增加，重心整体加速度 a_h 增大，与之对应的水平惯性力 F_{ah} 增大。通过运算可知，在上述力台运动条件下，力台水平运动产生的惯性力峰值与重心水平惯性力峰值叠加后的惯性力分别为 0.16 BW、

0.18 BW、0.20 BW、0.23 BW，分别见图 5-2（a）～（d）。由于力台运动周期与人体重心变化周期是随机的，不完全同步，其他点处的叠加结果均小于两极值点正向相叠加后的数值。

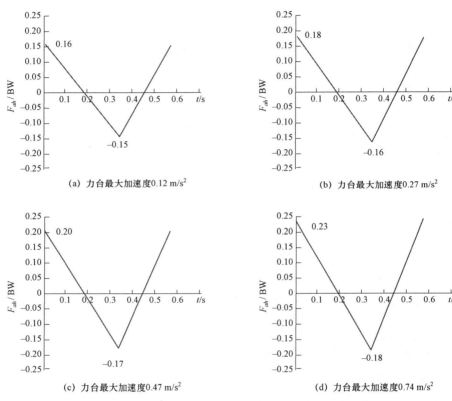

图 5-2　重心水平惯性力与不同力台惯性力的正向叠加

二、惯性力反方向叠加

图 5-3 为重心水平惯性力 F_{gy} 与力台运动产生的惯性力 F_{ay} 的反向叠加状态。重心水平惯性力 F_{gy} 峰值 C 点与力台惯性力谷值 C' 点叠加，或 E 点与 E' 点叠加时，为反向叠加。反向叠加使重心整体水平惯性力 F_{ah} 减小。

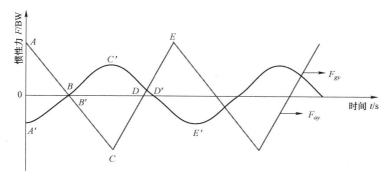

图 5-3　重心惯性力与力台惯性力的在水平方向的反向叠加

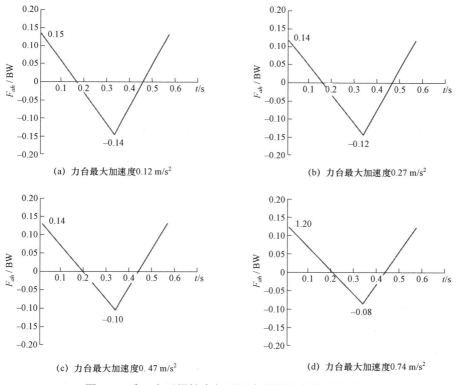

图 5-4　重心水平惯性力与不同力台惯性力的反向叠加

图 5-4 为人体以步速 1.2 m/s、步长 0.7 m 行走时重心水平惯性力 F_{gy} 分别与力台产生的惯性力 F_{ay} 的反向耦合曲线。上平台运动幅值为 0.3 m，运动频率 f 分别为 0.1 Hz、0.15 Hz、0.2 Hz、0.25 Hz 时，对应的加速度峰

值分别为 $\pm 0.12\ \mathrm{m/s^2}$、$\pm 0.27\ \mathrm{m/s^2}$、$\pm 0.47\ \mathrm{m/s^2}$、$\pm 0.74\ \mathrm{m/s^2}$。叠加后的整体惯性力峰值分别为 $-0.14\ \mathrm{BW}$、$-0.12\ \mathrm{BW}$、$-0.10\ \mathrm{BW}$、$-0.08\ \mathrm{BW}$。因此，两惯性力的反向叠加会降低整体惯性力 F_{ah}。力台运动加速度越大，峰值点耦合后的整体加速度越小，对应的整体惯性力 F_{ah} 越小。

由以上分析可知，人体在水平加速运动的力台上行走时，根据力台运动产生的水平惯性力 F_{ay} 与人体行走时重心水平惯性力 F_{gy} 之间不同的耦合状态，力台加速度会使人体重心整体惯性力 F_{ah} 增大或减小。由于惯性力 F_{ay}、F_{gy} 的方向及周期处于随机状态，所以其叠加状态也是随机的。整体水平惯性力的最大值为两惯性力峰值的正向叠加时的力值，最小值为两惯性力峰值的反向叠加时的力值，其他点叠加后的整体惯性力 F_{ah} 均处于最大值和最小值之间。

5.2　水平外力作用下人体的受力及滑摔机制

由上述研究可知，当人体在水平非匀速运动的物体上行走时，运动物体的加速度会使行走于其上的人体受到与运动物体加速度方向相反的惯性力 F_{ay}，此惯性力将与人体重心水平惯性力 F_{gy} 共同作用，使重心整体水平惯性力 F_{ah} 发生改变。因此，本节将从人体受力及力矩的平衡的角度，研究水平外力对人体滑摔机制的影响。

5.2.1　单支撑期人体滑摔机制

一、单支撑第一阶段人体受力及滑摔机制

（1）水平外力与人体重心惯性力正向叠加

在单支撑第一阶段，前脚跟触地，作用于重心 O 点的力为重力 G、重心垂直方向惯性力 F_{gz}、水平方向惯性力 F_{gy}。在单支撑期第一阶段，

F_{gz} 垂直于行走平面指向上方，即 Z 轴正向，F_{gy} 平行于行走平面且与行走方向一致，即指向 Y 轴正向。作用于脚底压力中心 P 点的力为垂直向上的支撑力 N，与行走方向相反的摩擦力 f。当水平外力 F_{ay} 与重心水平惯性力 F_{gy} 方向一致时，两者发生正向叠加（$a_y > 0$）。单支撑第一阶段人体受力如图 5-5（a）所示。根据达朗贝尔原理，在质点运动的任一瞬时，作用于质点的各力及该质点的惯性力在形式上构成一平衡力系，该力系对任一点的主力矩也等于零。因此对于重心 O 来说，则有 $\sum F_i = 0$，$\sum M_O(F_i) = 0$，据此可列方程组（5-5），整理后可得式（5-6）、式（5-7）。

式（5-7）中，根据摩擦系数定义，f/N 为行走时脚底所需摩擦系数 $RCOF$，即 $RCOF = \tan\theta$。在单支撑期第一阶段，水平惯性力 F_{ay} 与人体重心水平惯性力 F_{gy} 正向叠加时，与水平静止路面上行走相比，脚底支撑力 $N = G - F_{gz}$ 不变。随力台运动加速度 a_y 增大，惯性力 $F_{ay} = ma_y$ 增大，脚底所需力 $f = F_{gy} + F_{ay}$ 随之增大，因此安全行走所需摩擦系数 $RCOF = f/N$ 随力台加速度 a_y 的增大而增大。根据前述滑摔判据，人体在行走过程中，脚底所需摩擦系数 $RCOF$ 越大，其值越接近于地面和脚底之间所能提供的临界摩擦系数 $CCOF$，滑摔风险升高。但是，当力台加速度继续增大，$F_{gy} + F_{ay} > N \cdot CCOF$ 时，脚底/地面之间能够提供的摩擦力小于安全行走所需的摩擦力，不再满足方程组（5-5）中的平衡条件，脚跟向后滑动，人将会向前摔倒。

$$\begin{cases} F_{gy} + F_{ay} - f = 0 \\ F_{gz} + N - G = 0 \\ f \cdot h - N \cdot y = 0 \end{cases} \tag{5-5}$$

$$\begin{cases} f = F_{gy} + F_{ay} \\ N = G - F_{gz} \end{cases} \tag{5-6}$$

$$\frac{f}{N} = \frac{y}{h} = \frac{F_{gy} + F_{ay}}{G - F_{gz}} = \frac{F_{gy} + ma_y}{G - F_{gz}} \tag{5-7}$$

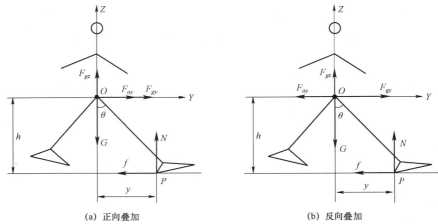

图 5-5　单支撑第一阶段人体受力分析

同时由式（5-7）也可以分析得出，人体行走的稳定性是步态参数、身体的受力状态，以及身体结构参数互相匹配的结果，人体行进当中只有不断调整这三者之间的关系，如通过调整重心高度改变 h，调整步态改变 y，调整重心移动加速度改变 F_{ay}，在保证其互相匹配满足方程组式（5-6）、式（5-7）的前提下，降低脚底所需摩擦系数 $RCOF$，从而降低滑摔风险。

（2）水平外力与人体重心水平惯性力反向叠加

F_{gy} 方向保持不变，当力台水平运动加速度方向改变，使水平外力 F_{ay} 与人体重心水平惯性力 F_{gy} 方向相反时，F_{ay} 与 F_{gy} 发生反向叠加（$a_y < 0$），此时人体受力分析如图 5-5（b）所示。根据达朗贝尔原理，可得方程（5-8）。

$$\begin{cases} F_{gy} - F_{ay} - f = 0 \\ F_{gz} + N - G = 0 \\ f \cdot h - N \cdot y = 0 \end{cases} \quad (5-8)$$

整理后可得方程（5-9）、（5-10）。

$$\begin{cases} f = F_{gy} - F_{ay} \\ N = G - F_{gz} \end{cases} \quad (5-9)$$

$$\frac{f}{N} = \frac{y}{h} = \frac{F_{gy} - F_{ay}}{G - F_{gz}} = \frac{F_{gy} - ma_y}{G - F_{gz}} \quad (5-10)$$

由式（5-9）、式（5-10）可知，当水平外力 F_{ay} 与人体重心水平惯性力 F_{gy} 反向叠加时，与静止地面行走时相比，单支撑第一阶段脚底支撑力 $N = G - F_{gz}$ 保持不变，不随力台加速度 a_y 发生变化。随力台运动加速度 a_y 增大，惯性力 F_{ay} 增大，脚底所需摩擦力 $f = F_{gy} - F_{ay}$ 减小，行走所需摩擦系数 $RCOF = \mathrm{tg}\theta$ 也随之减小，人体滑摔风险降低。但是，当力台加速度数值增大至 $a_y > a_{gy}$，此时 $F_{gy} - F_{ay} < 0$，不再满足方程组（5-8）中力和力矩的平衡条件，人体将会向后滑摔。

由以上分析可知，当人体在水平加速度不断变化的力台上行走时，由于力台加速度的影响，使得作用于人体重心的整体惯性力发生变化，整体惯性力 F_{ah} 的最大值为 $m(a_{gy} + a_{y\mathrm{max}})$，最小值为 $m(a_{gy} - a_{y\mathrm{max}})$，其中 $a_{y\mathrm{max}}$ 为力台水平运动最大加速度。根据叠加时的状态不同，整体惯性力在最大值和最小值之间变化，叠加后的整体惯性力越大，行走时所需摩擦系数 $RCOF$ 越大，人体滑摔风险越高。

二、单支撑期第二阶段人体的受力及滑摔机制

（1）水平外力与人体重心水平惯性力正向叠加

单支撑第二阶段，人体重心逐渐降低，此阶段重心水平惯性力 F_{gy} 的方向与行走方向相反，指向坐标轴 Y 轴负向。当力台水平运动加速度产生的惯性力 F_{ay} 的方向也指向 Y 轴负向时，则惯性力 F_{ay} 与 F_{gy} 发生正向叠加（$a_y > 0$）；重心垂直方向惯性力 F_{gz} 方向与单支撑第一阶段一致，指向 Z 轴正向；此阶段脚底摩擦力 f 与行走方向相同。单支撑第二阶段人体受力分析见图 5-6（a）。根据达朗贝尔原理，可得方程组（5-11）。

$$\begin{cases} f - F_{ay} - F_{gy} = 0 \\ F_{gz} + N - G = 0 \\ f \cdot h - N \cdot y = 0 \end{cases} \tag{5-11}$$

整理后可得方程（5-12）、（5-13）。

$$\begin{cases} f = F_{gy} + F_{ay} \\ N = G - F_{gz} \end{cases} \tag{5-12}$$

$$\frac{f}{N} = \frac{y}{h} = \frac{F_{gy} + F_{ay}}{G - F_{gz}} = \frac{F_{gy} + ma_y}{G - F_{gz}} \tag{5-13}$$

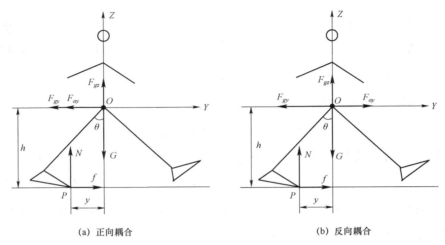

(a) 正向耦合　　　　　　　　　　(b) 反向耦合

图 5-6　单支撑第二阶段人体受力分析

由式（5-12）、式（5-13）可知，在单支撑期第二阶段，脚尖与地面之间所需摩擦系数为 $RCOF = \tan\theta = (F_{gy} + ma_y)/(G - F_{gz})$。与水平静止地面上行走时相比，$N = G - F_{gz}$ 保持不变，随力台加速度 a_y 增大，脚底所需摩擦力 $f = F_{gy} + F_{ay}$ 增大，所需摩擦系数 $RCOF = \tan\theta$ 随之增大，人体行走时的滑摔风险升高。当惯性力 F_{ay} 增大至 $F_{gy} + F_{ay} > N \cdot CCOF$ 时，脚底/地面之间的最大摩擦力将不能满足行走所需要的摩擦力，人体受力不再满足方程组（5-11）中力及力矩所需的平衡条件，脚底将发生滑动，人体向后摔倒。

（2）水平外力与人体重心水平惯性力反向叠加

在单支撑期第二阶段，人体重心水平惯性力 F_{gy} 方向不变，当惯性力 F_{ay} 方向发生变化，与惯性力 F_{gy} 方向相反时，两者为反向叠加。人体受力分析如图 5-6（b）所示。根据达朗贝尔原理，可得式（5-14）。

$$\begin{cases} f + F_{ay} - F_{gy} = 0 \\ F_{gz} + N - G = 0 \\ f \cdot h - N \cdot y = 0 \end{cases} \qquad （5\text{-}14）$$

整理后可得方程组（5-15）、（5-16）。

$$\begin{cases} f = F_{gy} - F_{ay} \\ N = G - F_{gz} \end{cases} \qquad （5\text{-}15）$$

$$\frac{f}{N} = \frac{y}{h} = \frac{F_{gy} - F_{ay}}{G - F_{gz}} = \frac{F_{gy} - ma_{ay}}{G - F_{gz}} \qquad （5\text{-}16）$$

由式（5-15）、式（5-16）可知，随力台加速度 a_y 增大，惯性力 F_{ay} 增大，脚底所需摩擦力 $f = F_{gy} - F_{ay}$ 减小，支撑力 $N = G - F_{gz}$ 保持不变，行走所需摩擦系数 $RCOF = f/N$ 随之减小，滑摔风险降低。因此，当惯性力 F_{ay} 与人体重心水平惯性力 F_{gy} 反向叠加时，人体滑摔风险降低。同样，当力台加速度增至 $a_y > a_{gy}$ 时，$f = F_{gy} - F_{ay} < 0$，力和力矩将不再满足方程组（5-14）中的平衡条件，后脚尖将会向后滑动，人体向前摔倒。

由以上分析可知，在行走单支撑期，无论是第一阶段还是第二阶段，惯性力 F_{ay} 与人体重心水平惯性力 F_{gy} 的正向叠加均使脚底所受摩擦力及所需摩擦系数增大，增加人体行走过程中的滑摔风险。当惯性力 F_{ay} 与人体重心水平惯性力 F_{gy} 反向叠加时，由于两者互相抵消，使得重心整体惯性力降低，维持身体平衡所需的脚底所需摩擦力减小，使得行走过程中所需摩擦系数也随之减小，从而降低行走过程中的滑摔风险。但是，无论两惯性力正向叠加还是反向叠加，如果力台加速度增至一特定值，脚底和地面之间能够提供的最大摩擦力不能够满足行走所需要的摩擦力，也不再满足力矩平衡，人体则会发生滑摔。

5.2.2 双支撑期人体滑摔机制

由于双支撑期第一阶段与第二阶段重心水平方向惯性力 F_{gy} 的方向相

反，因此惯性力 F_{ay} 的大小和方向对人体双支撑期每个阶段行走稳定性的影响也不相同。

一、双支撑第一阶段人体的受力及滑摔机制

（1）水平外力与人体重心水平惯性力正向叠加

根据前期研究，在双支撑期的第一阶段，重心降低，人体重心水平惯性力 F_{gy} 的方向与人体行走方向相反，指向 Y 轴负向，当惯性力 F_{ay} 与人体重心水平惯性力 F_{gy} 方向相同时，为正向叠加（$a_y>0$）。人体的受力分析如图 5-7（a）所示。根据达朗贝尔原理，可得方程组（5-17）。

$$\begin{cases} f_2 - f_1 - F_{gy} - F_{ay} = 0 \\ N_1 + N_2 - G - F_{gz} = 0 \\ N_2 \cdot y_2 + f_1 \cdot h - N_1 \cdot y_1 - f_2 \cdot h = 0 \end{cases} \quad (5\text{-}17)$$

整理后可得方程组（5-18）。

$$\begin{cases} f_2 - f_1 = F_{gy} + F_{ay} \\ N_1 + N_2 = G + F_{gz} \\ f_2 - f_1 = N_2 \tan\theta_2 - N_1 \tan\theta_1 \end{cases} \quad (5\text{-}18)$$

由方程组（5-18）可知，脚底支撑力 $N_1 + N_2 = F_{gz} + G$，不随力台加速度而变化。随力台加速度 a_y 的增大，水平惯性力 F_{ay} 增大，脚底摩擦力 $f_2 - f_1 = F_{gy} + F_{ay}$ 比水平静止地面行走时增大了 F_{ay}，且增大量 F_{ay} 随力台加速度 a_y 的增大而增大。随加速度 a_y 的增大，人体后脚所需摩擦力 f_2 增大而前脚所需摩擦力 f_1 减小，因此后脚比前脚更易产生滑动。当 f_1 减小至零时，前脚支撑力 N_1 也为零，此时将变为后脚单脚着地，无法继续行走，如果 F_{ay} 继续增大，身体将发生后倾摔倒。根据方程组（5-18）可以得出，前脚所需摩擦系数 $RCOF_1 = f_1/N_1$，后脚所需摩擦系数 $RCOF_2 = f_2/N_2$，前后脚所需摩擦系数均需满足条件 $RCOF_1 < CCOF$ 及 $RCOF_2 < CCOF$ 才能防止滑摔。由方程组（5-18）可得前脚、后脚支撑力 N_1、N_2，前脚、后脚摩擦力 f_1、f_2，分别见式（5-19）、式（5-20）。

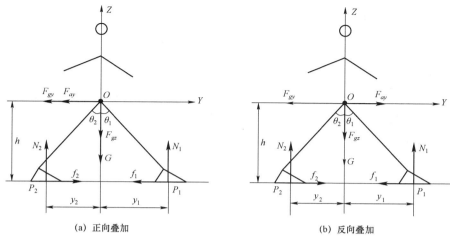

(a) 正向叠加　　　　　　　　　　(b) 反向叠加

图 5-7　水平运动地面上行走时双支撑期第一阶段人体受力分析

$$N_1 = \frac{(G+F_{gz})\tan\theta_2 + F_{gy} + F_{ay}}{\tan\theta_1 + \tan\theta_2}, \quad N_2 = \frac{(G+F_{gz})\tan\theta_1 - F_{gy} - F_{ay}}{\tan\theta_1 + \tan\theta_2}$$

$$(5\text{-}19)$$

$$f_1 = \frac{(G+F_{gz})\tan\theta_2 + F_{gy} + F_{ay}}{\tan\theta_1 + \tan\theta_2}\tan\theta_1, \quad f_2 = \frac{(G+F_{gz})\tan\theta_1 - F_{gy} - F_{ay}}{\tan\theta_1 + \tan\theta_2}\tan\theta_2$$

$$(5\text{-}20)$$

（2）水平外力与人体重心水平惯性力反向叠加

在双支撑期第一阶段，当水平惯性力 F_{ay} 的方向与 F_{gy} 相反时，两者发生反向叠加。人体受力分析如图 5-7（b）所示。根据达朗贝尔原理，可得方程组（5-21）。

$$\begin{cases} f_2 - f_1 - F_{gy} + F_{ay} = 0 \\ N_1 + N_2 - F_{gz} - G = 0 \\ N_2 \cdot y_2 + f_1 \cdot h - N_1 \cdot y_1 - f_2 \cdot h = 0 \end{cases} \quad (5\text{-}21)$$

整理后可得方程组（5-22）。

$$\begin{cases} f_2 - f_1 = F_{gy} - F_{ay} \\ N_1 + N_2 = F_{gz} + G \\ f_2 - f_1 = N_2 \tan\theta_2 - N_1 \tan\theta_1 \end{cases} \quad (5\text{-}22)$$

由方程组（5-22）可知，前后脚所需摩擦力 $\Delta f = f_2 - f_1 = F_{gy} - F_{ay}$，随

力台加速度 a_y 的变化，Δf 的大小和方向会出现三种情况，如图 5-8 所示。当 $a_{gy} > a_y$ 时，$F_{gy} > F_{ay}$，后脚摩擦力 f_2 大于前脚摩擦力 f_1，人体整体水平合力 Δf 减小，身体稳定性增大。随力台加速度 a_y 增大，两加速度数值逐渐接近，当 $a_{gy} = a_y$ 时，$\Delta f = 0$，$f_2 = f_1$，身体所受水平合力为零；当 $a_{gy} < a_y$ 时，$\Delta f < 0$，合力方向发生变化，之后随力台加速度 a_y 增大，F_{ay} 增大，脚底所需摩擦力增大，脚底滑摔风险升高。这些分析说明，当水平外力与重心水平惯性力反向叠加时，只有当力台加速度 a_y 增大很多时，人体才有滑摔风险。

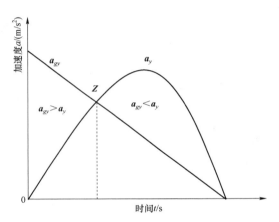

图 5-8　加速度 a_{gy} 及 a_y 的变化

根据滑摔判据，两脚所需摩擦系数应分别满足 $RCOF_1 = \tan\theta_1 < CCOF$，$RCOF_2 = \tan\theta_2 < CCOF$，才能避免滑摔。由方程组（5-22）可得双支撑第一阶段水平外力与重心水平方向惯性力反向叠加时前、后脚支撑力 N_1、N_2，前、后脚所需摩擦力 f_1、f_2，分别见式（5-23）、式（5-24）。

综上分析，双支撑期第一阶段在水平外力作用下，外力与重心水平惯性力的正向叠加使脚底所需摩擦力及所需摩擦系数增加，人体滑摔风险升高；反向叠加使脚底所需摩擦力及所需摩擦系数减小，人体滑摔风险降低。

$$N_1 = \frac{(G + F_{gz})\tan\theta_2 - F_{gy} + F_{ay}}{\tan\theta_1 + \tan\theta_2}, \qquad N_2 = \frac{(G + F_{gz})\tan\theta_1 + F_{gy} - F_{ay}}{\tan\theta_1 + \tan\theta_2}$$

（5-23）

$$f_1 = \frac{(G + F_{gz})\tan\theta_2 - F_{gy} + F_{ay}}{\tan\theta_1 + \tan\theta_2}\tan\theta_1, \qquad f_2 = \frac{(G + F_{gz})\tan\theta_1 + F_{gy} - F_{ay}}{\tan\theta_1 + \tan\theta_2}\tan\theta_2$$

（5-24）

二、双支撑期第二阶段人体的受力及滑摔机制

双支撑期第二阶段，人体行走时重心下移，重心水平方向惯性力 F_{gy} 与人体行走方向相同，如图 5-8 所示。

（1）水平外力与人体重心水平惯性力正向叠加

在双支撑期第二阶段，人体所受惯性力 F_{ay} 与人体重心水平方向惯性力 F_{gy} 方向相同时，即同时指向 Y 轴正向，为正向叠加。重心垂向惯性力 F_{gz} 与 Z 轴正向一致，人体受力分析如图 5-9（a）所示。根据达朗贝尔原理，可得方程组（5-25）。

$$\begin{cases} f_2 - f_1 + F_{gy} + F_{ay} = 0 \\ N_1 + N_2 - F_{gz} - G = 0 \\ N_2 \cdot y_2 + f_1 \cdot h - N_1 \cdot y_1 - f_2 \cdot h = 0 \end{cases}$$

（5-25）

整理后可得方程组（4-26）。

$$\begin{cases} f_1 - f_2 = F_{gy} + F_{ay} \\ N_1 + N_2 = F_{gz} + G \\ f_1 - f_2 = N_1\tan\theta_1 - N_2\tan\theta_2 \end{cases}$$

（5-26）

由方程组（5-26）可知，随力台加速度 a_y 增加，脚底所需摩擦力 $f_1 - f_2 = F_{gy} + F_{ay}$ 比水平静止地面增大了 F_{ay}，并随力台加速度的增大而增大，后脚所需摩擦力 f_2 减小而前脚所需摩擦力 f_1 增加，因此前脚滑摔风险升高。当 f_2 减小至零时，支撑力 N_2 也为零，此时人体变为由前脚单独支撑，摩擦力 $f_1 = F_{gy} + F_{ay} = N_1\mathrm{tg}\theta_1$。如 a_y 继续增大，当前脚所需摩擦力 f_1 超出脚底/地面所能够提供的摩擦力时，前脚将会发生前滑，身体向后倾倒。

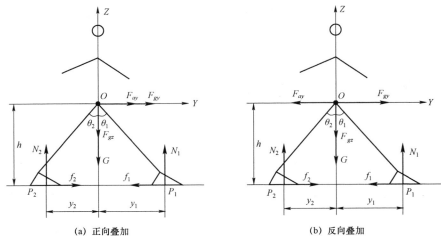

(a) 正向叠加　　　　　　　　　　(b) 反向叠加

图 5-9　水平加速度地面上行走时双支撑期第二阶段人体受力分析

根据滑摔判据，在双支撑期第二阶段，人体前后脚所需摩擦系数必须分别满足 $RCOF_1 = \tan\theta_1 < CCOF$ 及 $RCOF_2 = \tan\theta_2 < CCOF$ 才能够避免滑摔。由方程组（5-26）可得出此阶段脚底支撑力 N_1、N_2 及需摩擦力 f_1、f_2，分别见式（5-27）、式（5-28）。

$$N_1 = \frac{(G+F_{gz})\tan\theta_2 + F_{gy} + F_{ay}}{\tan\theta_1 + \tan\theta_2}, \qquad N_2 = \frac{(G+F_{gz})\tan\theta_1 - F_{gy} - F_{ay}}{\tan\theta_1 + \tan\theta_2}$$

（5-27）

$$f_1 = \frac{(G+F_{gz})\tan\theta_2 + F_{gy} + F_{ay}}{\tan\theta_1 + \tan\theta_2}\tan\theta_1, \qquad f_2 = \frac{(G+F_{gz})\tan\theta_1 - F_{gy} - F_{ay}}{\tan\theta_1 + \tan\theta_2}\tan\theta_2$$

（5-28）

（2）水平外力与人体重心水平惯性力反向叠加

在双支撑期的第二阶段，当惯性力 F_{ay} 与人体重心水平惯性力方向相反时，两者为反向叠加，人体的受力分析如图 5-9（b）所示。根据达朗贝尔原理，可得方程组（5-29）。

$$\begin{cases} f_2 - f_1 + F_{gy} - F_{ay} = 0 \\ N_1 + N_2 - F_{gz} - G = 0 \\ N_2 \cdot y_2 + f_1 \cdot h - N_1 \cdot y_1 - f_2 \cdot h = 0 \end{cases}$$

（5-29）

整理后可得方程组（5-30）。

$$\begin{cases} f_1 - f_2 = F_{gy} - F_{ay} \\ N_1 + N_2 = F_{gz} + G \\ f_1 - f_2 = N_1 \tan\theta_1 - N_2 \tan\theta_2 \end{cases} \qquad (5\text{-}30)$$

　　由方程组（5-30）可知，脚底摩擦力差值 $\Delta f = f_1 - f_2 = F_{gy} - F_{ay}$，$F_{gy}$ 与 F_{ay} 之间的变化关系可参见图 5-8。当 $a_{gy} > a_y$ 时，$F_{gy} > F_{ay}$，随力台加速度 a_y 增大，脚底所需摩擦力减小，滑摔风险降低。当 $a_{gy} \leqslant a_y$ 时，总体惯性力方向发生改变，并随力台加速度的增大而增大。因此，双支撑第二阶段惯性力反向叠加时，人体行走时的稳定性较高，需较大的力台加速度才能使人发生滑摔。此时，人体要保持身体行走稳定性仍需满足条件 $RCOF_1 = \tan\theta_1 < CCOF$ 及 $RCOF_2 = \tan\theta_2 < CCOF$。此阶段脚底支撑力 N_1、N_2 及需摩擦力 f_1、f_2，分别见式（5-31）、式（5-32）。

$$N_1 = \frac{(G + F_{gz})\tan\theta_2 + F_{gy} - F_{ay}}{\tan\theta_1 + \tan\theta_2}, \qquad N_2 = \frac{(G + F_{gz})\tan\theta_1 - F_{gy} + F_{ay}}{\tan\theta_1 + \tan\theta_2}$$
$$(5\text{-}31)$$

$$f_1 = \frac{(G + F_{gz})\tan\theta_2 + F_{gy} - F_{ay}}{\tan\theta_1 + \tan\theta_2}\tan\theta_1, \qquad f_2 = \frac{(G + F_{gz})\tan\theta_1 - F_{gy} + F_{ay}}{\tan\theta_1 + \tan\theta_2}\tan\theta_2$$
$$(5\text{-}32)$$

　　以上分析可知，在双支撑期第二阶段，在相同力台加速度下，惯性力 F_{ay} 与重心水平惯性力 F_{gy} 的正向叠加使人体行走滑摔风险升高，反向叠加时身体滑摔则需更大的水平外力 F_{ay}，因此滑摔风险低于正向叠加。

5.3　水平外力对脚-地接触力及步态分布的影响

5.3.1　水平外力对脚底侧向及垂向接触力的影响

　　由上述分析可知，当人体在不同水平加速度下运动的力台上行走时，人体将受到与力台运动加速度方向相反的惯性力。图 5-10、图 5-11 为不同力台加速度下的脚底侧向接触力峰值 F_{x1}、F_{x2} 及垂向接触力峰值 F_{z1}、F_{z2}。图中力台加速度 $a_y > 0$ 为惯性力 F_{ay} 与重心水平惯性力 F_{gy} 方向相同，为正向叠加；力台加速度 $a_y < 0$ 时两者方向相反，为反相叠加。

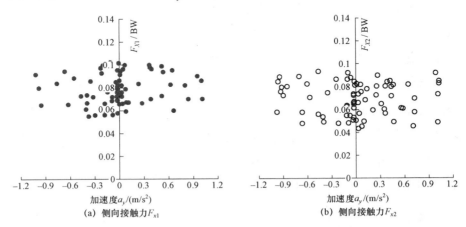

图 5-10　水平外力作用下脚底侧向接触力的变化

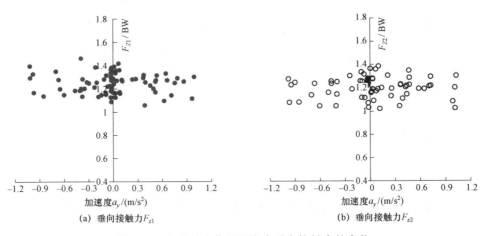

图 5-11　水平外力作用下脚底垂向接触力的变化

　　统计结果表明，与水平静止地面上行走相比，侧向力峰值与垂向力峰值的大小随力台水平加速度的改变没有明显变化（$r=0.30$，$p<0.01$）。脚底所受侧向力峰值分别为 $F_{x1}=(0.075\pm0.010)$ BW，$F_{x2}=(0.070\pm0.011)$ BW

（见图 5-10），离散系数分别为 16.0% 及 15.1%；所受垂向接触力峰值分别
为 $F_{z1} = (1.230 \pm 0.140)$ BW，$F_{z2} = (1.209 \pm 0.120)$ BW，对应的离散系数
分别为 11.4% 及 9.9%。可见在水平外力作用下，侧向力及垂向力峰值基本
不受影响，但其离散系数略大于在水平静止地面行走时，其主要原因为力
台的运动使得人体行走姿势及步态不够稳定所致。

图 5-12 为垂向接触力谷值随力台水平加速度的变化。统计计算结果
可得 $F_v = (0.910 \pm 0.081)$ BW，其离散系数为 8.9%，因此垂向接触力谷
值同样不随力台加速度而变化。

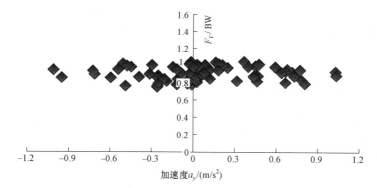

图 5-12　垂向接触力谷值 F_v 随力台水平加速度的变化

5.3.2　水平外力对前后向接触力数值的影响

图 5-13 为不同力台加速度 a_y 下脚底前后向接触力峰值 F_{y1}、F_{y2}。由
之前分析可知，当 $a_y > 0$ 时，水平外力 F_{ay} 与重心水平惯性力 F_{gy} 正向叠
加。由图 5-13（a）、（b）可知，随力台加速度改变，峰值 F_{y1} 与峰值 F_{y2}
的变化趋势一致。当 $a_y > 0$ 时，峰值 F_{y1}、F_{y2} 随力台加速度 a_y 的增大而增
大；当 $a_y < 0$ 时，峰值 F_{y1}、F_{y2} 随力台加速度 a_y 的增大而减小。峰值 F_{y1}、
F_{y2} 随力台加速度 a_y 的变化经线性拟合后可得 $F_{y1} = 0.122a_y + 0.205$，
（$R^2 = 0.645\,6$，$p < 0.01$，$r = 0.803\,5$）；$F_{y2} = 0.095a_y + 0.210$，（$R^2 = 0.672\,7$，
$p < 0.01$，$r = 0.820\,2$）。r 均大于 0.5，因此峰值 F_{y1}、F_{y2} 与力台加速度 a_y

之间为中度正线性相关。

以上分析表明，人体行走受到水平外力作用时，水平外力与重心水平惯性力的正向叠加使脚底前后向接触力 F_y 增大，反向叠加使前后向接触力 F_y 减小。

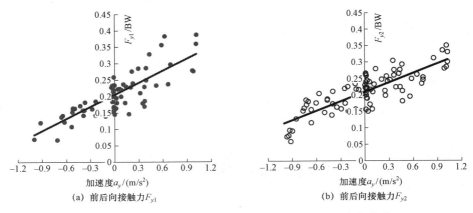

(a) 前后向接触力 F_{y1} (b) 前后向接触力 F_{y2}

图 5-13   力台水平加速度下运动时脚底前后向接触力的变化

图 5-14 为人体行走过程中脚底垂向接触力及前后向接触力的步态分布及其与水平惯性力 F_{ay} 之间的对应关系。在图 5-14 中，制动阶段前后向接触力曲线用 F_{by} 表示。起动阶段前后向接触力曲线以 F_{py} 表示。F_{y1} 为制动阶段接触力峰值，F_{y2} 为起动阶段接触力峰值。理论分析及试验表明，峰值 F_{y1} 出现在双支撑第二阶段，峰值 F_{y2} 出现在双支撑第一阶段，如图 5-14 所示。

根据前述分析，单支撑第一阶段的重心水平惯性力 F_{gy} 的方向与双支撑期第二阶段相同，均与人体行走方向相同。在单支撑期第一阶段，当人体重心水平惯性力 F_{gy} 与水平外力 F_{ay} 正向叠加时，脚底脚底所需摩擦力 $f = F_{gy} + F_{ay}$。由于侧向力 F_x 较小，可忽略不计。因此，此阶段脚底所需摩擦力即为试验所测得的脚底前后向接触力 F_{by}，即 $F_{by} = F_{gy} + F_{ay}$。随水平外力 F_{ay} 增大，前后向接触力 F_{by} 增大。当 F_{gy} 与 F_{ay} 反向叠加时，

$F_{by}=F_{gy}-F_{ay}$，前后向接触力 F_{by} 随水平外力 F_{ay} 增大而减小。在双支撑期第二阶段，当人体重心水平惯性力 F_{gy} 与外力正向叠加时，$f_1-f_2=F_{gy}+F_{ay}$，f_1 与 f_2 分别为脚底所需摩擦力。此处，$f_1=F_{by}$，$f_2=F_{py}$。随水平外力 F_{ay} 增大，F_{by} 增大，因此处于此阶段的峰值 F_{y1} 也随之增大。当 F_{gy} 与 F_{ay} 反向叠加时，$f_1-f_2=F_{by}-F_{py}=F_{gy}-F_{ay}$，$F_{by}$ 随水平外力 F_{ay} 的增加而降低，因此 F_{y1} 也随之降低。

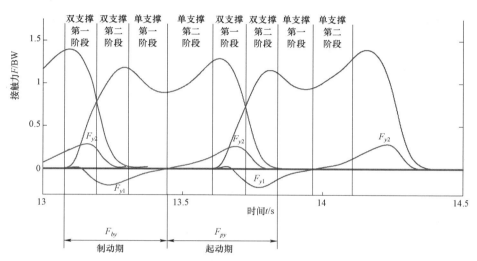

图 5-14　人体在水平加速度运动下的力台上行走时的步态分布

单支撑第二阶段及双支撑期第一阶段的重心水平惯性力 F_{gy} 方向与人体行走方向相反。在单支撑期第二阶段，当人体重心水平惯性力 F_{gy} 与水平外力 F_{ay} 正向叠加时，脚底所需摩擦力 $f=F_{py}=F_{gy}+F_{ay}$，因此 F_{py} 随 F_{ay} 的增大而增大。当 F_{gy} 与 F_{ay} 反向叠加时，所需摩擦力 $f=F_{py}=F_{gy}-F_{ay}$，脚底接触力 F_{py} 随力台加速度的增大而降低。在双支撑期的第一阶段，当人体重心水平惯性力 F_{gy} 与水平外力 F_{ay} 正向叠加时，$f_2-f_1=F_{py}-F_{by}=F_{gy}+F_{ay}$，随 F_{ay} 的增大，脚底接触力 F_{py} 增大，峰值 F_{y2} 也随之增大。当 F_{gy} 与 F_{ay} 反向叠加时，$f_2-f_1=F_{py}-F_{by}=F_{gy}-F_{ay}$，接触力 F_{py} 随水平外力 F_{ay} 的增大而减小，摩擦力峰值 F_{y2} 也随之降低。

图 5-15 为人体在不同力台运动加速度 a_y 作用下行走时前后向水平接触力 F_y 的变化曲线，图中所示加速度 a_y 为第一个峰值 F_{y1} 点所对应的力台加速度。加速度为正时表示第一个峰值点处力台加速度与重心水平惯性加速度正向叠加，因此两加速度对应的惯性力也为正向叠加。由图 5-15 可知，随加速度 a_y 由 0 m/s² 增至 0.3 m/s²、0.6 m/s²、0.9 m/s²，前后向水平接触力 F_y 的第一个峰值 F_{y1} 增大。由于第一个峰值点处于双支撑期第一阶段，而第二个峰值点处于双支撑期第二阶段，根据此前分析，这两个阶段的重心水平惯性力方向相反，因此此时第二个峰值点处惯性力 F_{gy} 与 F_{ay} 为反向叠加随惯性力 F_{ay} 的增大，峰值 F_{y2} 逐渐减小。

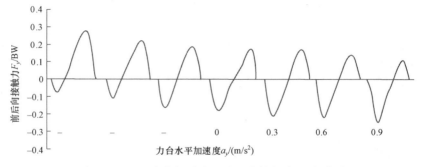

图 5-15　不同力台加速度下前后向接触力 F_y 的变化

图 5-15 中加速度 a_y 为负时表示第一个峰值点处为加速度 a_y、a_{gy} 反向叠加，其对应的惯性力 F_{ay}、F_{gy} 也为反向叠加，如图 5-16 中的 A 点和 C 点。根据力台运动状态、重心轨迹变化及步态分布可判断出图 5-16 中的 A 点和 C 点处的重心水平惯性力 F_{gy} 与水平外力 F_{ay} 反向叠加。第一个峰值点处的力台惯性加速度 a_y 分别为 −0.3 m/s²、−0.6 m/s²、−0.9 m/s²，随力台加速度 a_y 数值增大，惯性力 F_{ay} 增大，脚底接触力峰值 F_{y1} 逐渐减小；而此时前后向接触力第二个峰值点为两加速度正向叠加（如图 5-16B、D 点），随力台惯性加速度 a_y 的增大，惯性力 F_{ay} 增大，接触力峰值 F_{y2} 随之增大。

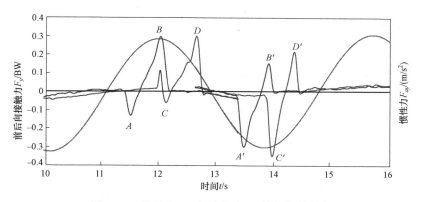

图 5-16 惯性力 F_{ay} 与接触力 F_y 的之间的叠加

图 5-17 为不同力台惯性加速度下的前后向接触力峰值 F_{y1} 及 F_{y2}，其所对应的力台惯性加速度分别为 0 m/s²、±0.3 m/s²、±0.6 m/s²、±0.9 m/s²。在力台惯性加速度 a_y 分别为 −0.3 m/s²、−0.6 m/s²、−0.9 m/s² 时，与水平静止地面上行走相比，峰值 F_{y1} 分别降低了 8.8%、32.4%、50.5%，峰值 F_{y2} 分别降低了 11.1%、20.0%、52.2%。力台惯性加速度分别为 0.3 m/s²、0.6 m/s²、0.9 m/s² 时，相比与水平静止地面上行走，峰值 F_{y2} 分别升高了 18.5%、35.6%、52.5%，峰值 F_{y2} 分别升高了 9.3%、20.0%、39.5%。

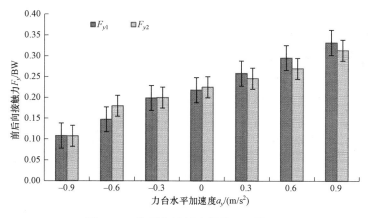

图 5-17 前后向接触力峰值 F_{Y1} 及 F_{Y2}

试验结果与理论分析表明，人体在水平外力作用下行走时，外力的大小和方向会改变脚底接触力的大小及分布，与重心水平惯性力的正向叠加使脚底前后向接触力增大，反向叠加使前后向接触力减小。

5.3.3 水平外力对脚底主动摩擦力的影响

通过分析水平外力对脚底接触力的影响可知，当水平外力 F_{ay} 与重心水平惯性力 F_{gy} 正向叠加时，脚底前后向接触力 F_y 均增大了 $F_{ay}=ma_y$；即前后向接触力 $F_y=F_{gy}+ma_y$，其中 F_{gy} 为水平静止地面行走时的脚底摩擦力 f，因此 $F_Y=f+ma_y$，可得 $f=F_y-ma_y$。同理可得当水平外力 F_{ay} 与重心水平惯性力 F_{gy} 反向叠加时，脚底的主动摩擦力 $f=F_y+ma_y$。将试验实际测得的脚底接触力 F_y、力台加速度 a_y、受试者身体质量 m 根据 F_{gy} 与 F_{ay} 的叠加状态不同分别代入公式 $f=F_y-ma_y$ 及公式 $f=F_y+ma_y$，可得脚底主动摩擦力峰值随 f_{p1}、f_{p2} 随力台加速度 a_y（即外力 F_{ay}）的变化曲线，分别见图 5-18（a）、（b）。

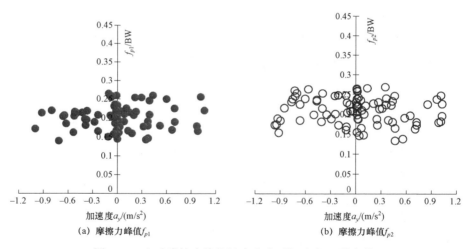

(a) 摩擦力峰值 f_{p1} (b) 摩擦力峰值 f_{p2}

图 5-18　主动摩擦力峰值随力台水平加速度 a_y 的变化

由图 5-18 分析可知，在不同水平外力 F_{ay} 的作用下，脚底摩擦力第一个峰值 f_{p1}、第二个峰值 f_{p2} 无明显变化（$r=0.30$，$p<0.01$）。经对所测得的数据统计计算可得 $f_{p1}=（0.201\pm0.039）BW$，$f_{p2}=（0.215\pm0.033）BW$，

f_{p1}、f_{p2} 对应的离散系数分别为 19.4%、15.3%。f_{p1} 与水平静止地面行走脚-地摩擦系数相等，其均值均为 0.201 BW，f_{p2} 与水平静止地面上行走时的峰值 0.241 BW，减少了 10.8%。在水平外力作用下行走时，f_{p1}、f_{p2} 的波动均大于静止地面上行走。

5.3.4　水平外力对步态阶段的影响

由人体行走动态平衡方程可知，人体行走过程中受到水平外力干扰时，可通过调整身体重心的水平移动加速度 a_{gy}，来改变重心水平惯性力 F_{gy} 的大小以满足行走各阶段力及力矩平衡方程所需要的平衡条件（如式（5-7）、式（5-10）、式（5-13）、式（5-16）、式（5-18）、式（5-22）、式（5-26）、式（5-30）），从而使身体避免滑摔。如式（5-7）中，外力 F_{ay} 与人体重心水平惯性力 F_{gy} 为正向叠加，$RCOF = f/N = （F_{gy} + F_{ay}）/（G - F_{gz}）$，此时人体可通过减小水平重心加速度 a_{gy} 以降低重心水平惯性力 F_{gy}，从而降低脚底所需摩擦系数 $RCOF$，增加行走时身体的稳定性。

人体重心水平惯性加速度 a_{gy} 随力台加速度 a_y 的调整使得人体前进时的速度发生变化，力台加速度 a_y 不同，重心水平惯性加速度 a_{gy} 需要调整的幅度不同，人体的移动速度也随之不断变化。由于人体在不同的步态阶段水平惯性加速度 a_{gy} 的大小和方向不同，力台加速度 a_y 对每个步态阶段人体移动速度的影响也不同。当人体重心水平惯性加速度 a_{gy} 与力台水平加速度 a_y 正向叠加时，人体需大幅度降低 a_{gy} 以保持身体平衡；相比之下，两者反向叠加时，则 a_{gy} 不需降低很大幅度即可保持身体平衡。因此人体重心惯性加速度 a_{gy} 与力台加速度 a_y 的叠加状态将会影响到人体重心的移动速度及步态阶段如制动期和起动期的时间分配。

图 5-19 为人体行走受到水平外力干扰时制动期时间 t_1 与起动期时间 t_2 随力台加速度 a_y（与外力 F_{ay} 成正比）的变化。根据前述分析，在力台加速度 a_y 方向不变的情况下，制动期重心水平惯性加速度 a_{gy} 与力台水平

运动加速度 a_y 正向叠加时，此时起动期人体重心水平惯性加速度 a_{gy} 与力台加速度 a_y 处于反向叠加状态。在这种状态下，制动期 t_1 随力台加速度 a_y 的增大而增大，起动期 t_2 随 a_y 的增大而减小，t_1/t_2 增大；当制动期 a_{gy} 与 a_y 为反向叠加时，起动期 a_{gy} 与 a_y 处于正向叠加状态，此时制动期 t_1 随力台加速度 a_y 的增大而减小，起动期 t_2 随 a_y 随之增大，t_1/t_2 减小。图 5-15 中不同力台加速度下人体前后向步态分布曲线也说明了这一点。

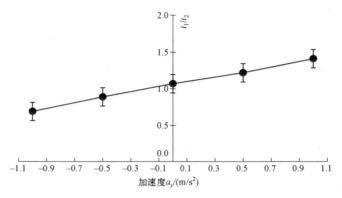

图 5-19   制动期及起步期时间分配随力台惯性加速度的变化

图 5-20 为人体在不同力台水平加速度下行走时脚底所受冲量。其中 S_b 为制动期合力的冲量，S_t 为起动期冲量。当人体重心水平惯性加速度 a_{gy} 与力台水平惯性加速度 a_y 反向叠加时，侧向水平接触力 F_x 及垂向接触力 F_z 不随力台加速度 a_y 变化，而制动期前后水平接触力 F_y 及制动期时间 t_1 皆随力台加速度的增大而减小，因此制动期冲量 S_b 随力台加速度的增大而减小；起动期 F_x 及 F_z 不随力台加速度 a_y 变化，而 F_y 及起动期时间 t_2 随力台加速度 a_y 而增大，因此起动期冲量 S_t 随力台加速度增大而增大。a_{gy} 与 a_y 正向叠加时冲量的变化与反向叠加时相反，即 S_b 随力台加速度 a_y 的增大而增大，S_t 随力台加速度 a_y 的增大而减小，如图 5-20 所示。S_b、S_t 随力台惯性加速度 a_y 变化的趋势与制动期及起动期的时间分配相一致。

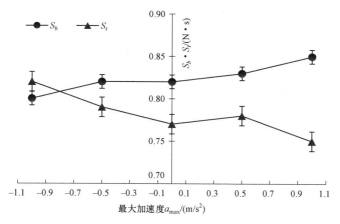

图 5-20　冲加量随力台加速度的变化

根据动量定理，加速度 a_{gy} 与 a_y 正向叠加时，随力台加速度 a_y 增大，制动期速度的增大而起动期速度变小；a_{gy} 与 a_y 反向叠加时，随力台加速度 a_y 增大，制动期速度的减小而起动期速度增大。

5.4　水平外力对摩擦系数的影响

5.4.1　脚底所需摩擦系数

一、侧向所需摩擦系数分布

人体行走于加速运动的力台上时，脚底侧向所需摩擦系数峰值 $RCOF_{x1}$、$RCOF_{x2}$ 随力台加速度的变化见图 5-21（a）、（b）。统计计算结果表明，所需摩擦系数峰值 $RCOF_{x1}$ 及 $RCOF_{x2}$ 的大小随力台水平加速度的改变无明显变化（$r = 0.30$，$p < 0.01$）。$RCOF_{x1} = 0.062\ 0 \pm 0.010\ 0$，$RCOF_{x2} = 0.072\ 1 \pm 0.011\ 0$，离散系数分别为 16.1% 及 16.4%。因此，在水平加速运动的力台上行走时，脚底侧向所需摩擦系数峰值数值略大于水平

静止地面行走时，且离散系数均大于水平静止地面行走。

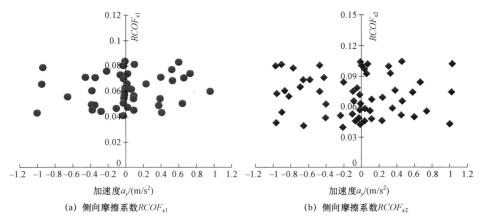

(a) 侧向摩擦系数$RCOF_{x1}$ (b) 侧向摩擦系数$RCOF_{x2}$

图 5-21   侧向所需摩擦系数随力台水平加速度的变化

二、前后向及整体所需摩擦系数分布

图 5-22 为人体在水平加速度运动的力台上行走时脚底前后向所需摩擦系数在制动期的峰值$RCOF_{y1}$及起动期的峰值$RCOF_{y2}$随力台加速度的变化。由图 5-22 可知，峰值$RCOF_{y1}$与峰值$RCOF_{y2}$随力台加速度的变化其数值变化趋势一致。力台水平加速度为正时（$a_y > 0$），所需摩擦系数峰值$RCOF_{y1}$及$RCOF_{y2}$随力台加速度的增大而增大；当力台加速度为负时（$a_y < 0$），所需摩擦系数峰值$RCOF_{y1}$及$RCOF_{y2}$随力台加速度数值的增大而减小。

峰值$RCOF_{y1}$及$RCOF_{y2}$随力台水平加速度a_y的变化经线性拟合后分别可得公式$RCOF_{y1} = 0.080\,8a_y + 0.188\,2$，（$R^2 = 0.715\,9$，$p < 0.01$，$r = 0.846\,1$），所需摩擦系数与力台加速度之间呈中度线性正相关关系；$RCOF_{y2} = 0.141\,5a_y + 0.281\,2$，（$R^2 = 0.810\,3$，$p < 0.01$，$r = 0.900\,2$），摩擦系数与力台加速度之间高度线性正相关。因此峰值$RCOF_{y1}$、$RCOF_{y2}$随加速度变化呈线性增加。在相同加速度下，制动期摩擦系数峰值大于起动期摩擦系数峰值，与水平静止地面行走一致。

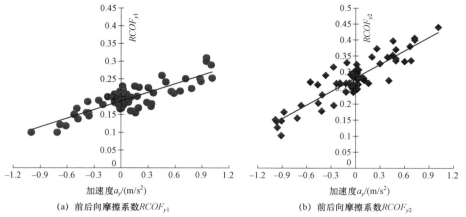

(a) 前后向摩擦系数 $RCOF_{y1}$　　　　　(b) 前后向摩擦系数 $RCOF_{y2}$

图 5-22　前后向所需摩擦系数 $RCOF_y$ 随力台水平加速度的变化

行走时脚底整体摩擦系数 $RCOF$ 随力台加速度 a_y 的变化如图 5-23 所示。由图可见其变化趋势与前后向摩擦系数 $RCOF_y$ 一致，即随力台加速度由负到正逐渐增大而增大。线性拟合后可得整体摩擦系数随力台加速度变化的线性回归方程，制动期摩擦系数峰值回归方程为 $RCOF_1 = 0.098\,0a_y + 0.202\,2$，（$R^2 = 0.730\,3$；$p < 0.01$，$r = 0.854\,6$），摩擦系数峰值 $RCOF_1$ 和力台加速度 a_y 之间中度线性正相关；起动期为 $RCOF_2 = 0.165\,4a_y +$

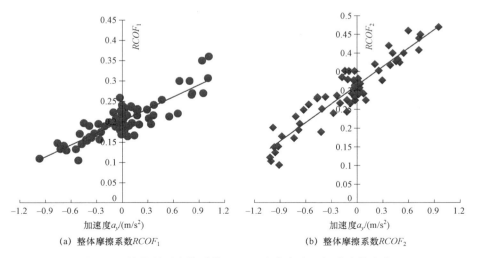

(a) 整体摩擦系数 $RCOF_1$　　　　　(b) 整体摩擦系数 $RCOF_2$

图 5-23　整体所需摩擦系数 $RCOF$ 随力台水平加速度的变化

0.314 1，（$R^2 = 0.877\ 9$，$p < 0.01$，$r = 0.937\ 0$），摩擦系数峰值 $RCOF_2$ 和力台加速度 a_y 之间高度线性正相关，且制动期峰值小于相同力台加速度下起动期峰值。

由于侧向接触力分量 F_x 较小，整体摩擦系数 $RCOF$ 的大小主要取决于前后向力 F_y 的大小。试验结果也表明，前后向所需摩擦系数 $RCOF_y$ 与整体所需摩擦系数 $RCOF$ 变化趋势及特点相一致。

根据 5.3 节的分析可知，前后向接触力峰值 F_{y1}、F_{y2} 分别处于步态周期中的双支撑期的第一及第二阶段。在此两个支撑阶段，脚底摩擦力随力台正向加速度的增大而增大，当力台加速度为负值时，即人体重心加速度与力台加速度方向叠加时，脚底摩擦力随力台加速度数值的增大而减小。由于脚底侧向接触力与垂向接触力数值大小不随力台水平加速度而变化，因此根据摩擦系数计算方法 $RCOF_y = F_y/F$ 及 $RCOF = \sqrt{F_x^2 + F_y^2}/F_z$ 可知，前后向所需摩擦 $RCOF_y$ 及整体所需摩擦系数 $RCOF$ 在加速度正向叠加时随加速度的增大而增大，反向叠加时随加速度数值的增大而减小。

图 5-24 为力台加速度 a_y 与重心水平加速度 a_{gy} 对应状态不同时所需摩擦系数的分布。图中实线为整体摩擦系数 $RCOF$，虚线表示前后向摩擦系数 $RCOF_y$。由图 5-24 可以看出，整体摩擦系数 $RCOF$ 与前后向摩擦系数 $RCOF_y$ 的分布及大小基本一致。由 5.3 节分析可知，处于力台加速度正向位置的 A 点及 C 点处对应的重心加速度方向与力台加速度反向叠加，其对应的摩擦力随力台加速度增大而减小，因此其对应的所需摩擦系数也减小。而 C 点及 D 点处对应的重心加速度与力台加速度正向叠加，其对应的摩擦力随力台加速度的增大而增大，脚底摩擦系数随之增大。处于力台加速度负向位置的步态其重心加速度与力台的叠加状态与处于正向力台加速度时相反，A' 点及 C' 点处正向叠加，摩擦系数随力台加速度增大而增大，B' 点及 D' 点处反向叠加，其摩擦系数随力台加速度的增大而减小。

114

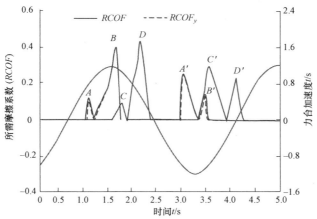

图 5-24　力台水平加速度与摩擦系数的叠加关系

5.4.2　主动摩擦系数

　　脚底所需摩擦系数是由脚底水平方向接触力与垂向接触力的比值计算得到，当不考虑较小的侧向力 F_x 时，脚底水平接触力即为前后向接触力 F_y。根据前述分析，外力作用下的 $F_y = F_{gy} \pm F_{ay} = F_{gy} \pm ma_y = f \pm ma_y$，$f$ 为去除水平外力 F_{ay} 对脚底接触力影响后的摩擦力。主动摩擦力 f 与脚底垂向接触力 F_z 的比值即为主动摩擦系数 u_p，$u_p = f/F_Z$。随水平外力变化主动摩擦系数峰值大小变化见图 5-25。

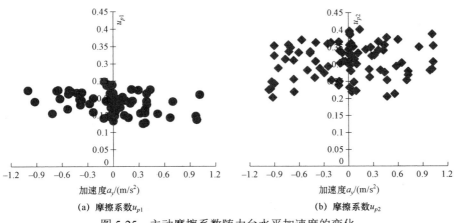

(a)　摩擦系数 u_{p1} 　　　　　　　(b)　摩擦系数 u_{p2}

图 5-25　主动摩擦系数随力台水平加速度的变化

由图 5-25 可知，主动摩擦系数峰值 u_{p1}、u_{p2} 随水平外力 F_{ay} 的增大，没有明显变化。统计分析结果表明，摩擦系数峰值 $u_{p1} = 0.188\ 8 \pm 0.030\ 4$，$u_{p2} = 0.310\ 1 \pm 0.047\ 6$，离散系数分别为 16.1% 及 15.3%。$u_{p1}$ 均值 0.188 8 比水平静止地面行走时摩擦系数 0.206 7 减小了 8.6%，u_{p2} 均值 0.310 1 与水平静止地面行走时的摩擦系数 0.311 0 基本相等。u_{p1} 及 u_{p2} 的离散系数均大于水平静止地面行走，说明水平外力的作用使脚底接触力波动增大。

5.5　本章小结

本章研究了水平外力对人体行走时重心水平方向惯性力、滑摔机制、人体脚底接触力及摩擦系数的影响，经分析总结，可得出以下结论。

（1）水平外力能够改变人体重心水平作用力。当外力方向与人体重心水平惯性力方向相同时，增大重心水平方向力，当两者方向相反时，使重心水平方向受力减小。

（2）在水平外力作用下，脚底侧向接触力 F_x 及垂向接触力 F_z 不发生变化，而前后向接触力 F_y 随水平外力的大小和方向而改变。当水平外力与重心水平惯性力正向叠加时，前后向接触力 F_y 随水平外力的增大而增大，增大量为 ma_y；当水平外力与重心水平惯性力反向叠加时，前后向接触力随水平外力的增大而减小，其减小量为 ma_y。

（3）在水平外力作用下，脚底侧向所需摩擦系数 $RCOF_x$ 保持不变，而前后向及整体所需摩擦系数 $RCOF_y$、$RCOF$ 变化较大。当水平外力与重心水平惯性力正向叠加时，$RCOF_y$、$RCOF$ 随水平外力的增大而增大，人体滑摔风险升高；当两者反向叠加时，$RCOF_y$、$RCOF$ 随水平外力的增大

第 5 章 水平方向外力对人体滑摔机制的影响

而减小，滑人体摔风险降低。

（4）在水平外力作用下，脚底产生的主动摩擦力及摩擦系数保持不变，其数值与水平静止地面行走时的摩擦力及摩擦系数基本相等，但数值的波动大于水平静止地面行走。

（5）水平外力作用会改变人体行走时的步态时相特征,即改变制动期时间和起动期时间的分配比例。

117

第6章 垂直方向外力对人体滑摔机制的影响

　　本章主要研究人体在垂直上下运动的路面上行走时，路面垂直方向运动加速度所产生的垂直方向惯性力对人体行走滑摔机制的影响。如上下颠簸的船舶、飞机、运行中的电梯等设备上行走时，就属于此种情况。

　　启动试验机上平台，使之沿图2-2中 Z 轴方向垂直往复运动，这样当人体在上平台上沿 Y 轴方向行走时，将受到与力台运动加速度方向相反的垂直方向惯性力的作用。上平台位移运动方程见式（2-1），平台运动加速度方程见式（2-3）。

　　将力台垂直运动加速度以符号 a_z 表示，人体受到的垂向惯性力为 F_{az}。由式（2-4）可知，力台运动加速度以正弦规律变化，对应的惯性力 $F_{az}=-ma_z$。在力台上下运动过程中，随时间变化，力台加速度 a_z 及惯性力 F_{az} 在向上和向下两个方向之间不断变化。在此设定力台加速度 a_z 方向与人体重心垂直惯性加速度 a_{gz} 方向相同，即正向叠加时，$a_z>0$，此时惯性力 F_{az} 及重心垂直惯性力 F_{gz} 同为正向叠加；a_z 与 a_{gz} 方向相反时，为反向叠加，F_{az} 及 F_{gz} 同为反向叠加，设定此时力台加速度 $a_y<0$。设定整体加速度为 a_v，则 $\vec{a}_v=\vec{a}_z+\vec{a}_{gz}$。

6.1　垂向外力对重心垂向惯性力的影响

由于行走过程中单支撑期与双支撑期的垂向惯性力大小和方向均不相同，因此将单支撑期的重心垂向惯性力及双支撑期的重心垂向惯性力 F_{gz}（分别见式（3-2）及式（3-4））分别与垂向惯性力 F_{az}（见式（2-4））叠加，即得式（6-1）、式（6-2），其中 $F_{av}(t)$ 为垂向惯性力叠加后的整体惯性力。式（6-1）为单支撑期重心垂直方向惯性力，式（6-2）为双支撑期重心垂直方向惯性力。

$$F_{av}(t) = mg\left[\left(2 - \frac{k_1^2}{2\mathrm{sh}^2 k_2 T_1/2}\right)\theta^2 - \frac{1}{2}\theta^4 + \frac{k_1^2}{\mathrm{sh}^2 k_2 T_1/2}\right] \qquad (6\text{-}1)$$
$$+ 4m\pi^2 f^2 A \cdot \sin\left(2\pi ft \pm \pi/2\right) \quad (0 \leqslant t \leqslant T_1)$$

$$F_{av}(t) = mg\left(\frac{k_1^2}{2\sin^2 k_2 T_1/2}\beta^2 - \frac{1}{2}\beta^4 - \frac{k_1^2}{\sin^2 k_3 T_2/2}\right) \qquad (6\text{-}2)$$
$$+ 4m\pi^2 f^2 A \cdot \sin\left(2\pi ft \pm \pi/2\right) \quad (T_1 < t < T_1 + T_2)$$

一、垂向惯性力的正向叠加

重心垂向惯性力 F_{gz} 与惯性力 F_{az} 方向相同时，为正向叠加，见图 6-1。在单支撑期，当图 6-1（a）中重心垂向惯性力 F_{gz} 的峰值 C 点与惯性力 F_{az} 的峰值 C' 点处于同一时间点时，两者惯性力方向相同，均垂直向上，为正向叠加。在双支撑期，惯性力 F_{az} 峰值 D' 点与重心垂向惯性力 F_{gz} 峰值 D 点时间点重合时，两惯性力方向相同，同样为正向叠加，见图 6-1（b）。

确定人体行走速度 1.2 m/s 及步长 0.7 m 不变，改变力台的运动状态，将力台加速度峰值分别设定为 ±0.12 m/s²、±0.27 m/s²、±0.47 m/s²、±0.74 m/s²。调整力台加速度方程的相位使力台在上述运动条件下的加速

度峰值 C' 点与单支撑期人体重心加速度峰值 C 点正向叠加，此时加速度分别对应的惯性力 F_{az} 及 F_{gz} 也为正向叠加。图 6-2 即为单支撑期惯性力 F_{az} 及 F_{gz} 在不同力台加速度下正向叠加后的整体惯性力 F_{av} 的变化曲线。

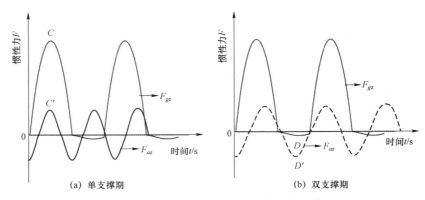

图 6-1　惯性力 F_{gz} 与 F_{az} 的正向叠加状态

图 6-2（a）为力台加速度峰值与单支撑期人体重心最大加速度正向叠加后重心整体垂向惯性力 F_{av} 的变化，图中虚线为水平静止地面行走时重心垂向惯性力分布曲线，实线为叠加后的惯性力曲线，直线 AB 为叠加后的峰值点连线。力台加速度峰值分别为 0.12 m/s²、0.27 m/s²、0.47 m/s²、0.74 m/s² 时与重心垂向惯性加速度峰值叠加后的惯性力峰值分别为 0.088 BW、0.103 BW、0.124 BW、0.151 BW。因此随力台加速度值的增大，垂向惯性力 F_{az} 增大，单支撑期重心整体惯性力方向不变，数值随力台加速度的增大而增大。

当单支撑期惯性力正向叠加时，由图 6-2（a）可知，此时双支撑期由于重心垂向惯性力与单支撑期方向相反且数值较小，因此，较小的惯性力 F_{az}，即可使双支撑期重心整体惯性力改变方向，与单支撑期方向一致指向 Z 轴正向。

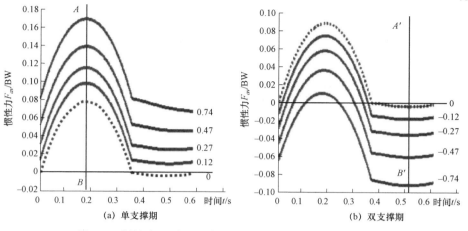

图 6-2　惯性力 F_{az} 与 F_{gz} 在不同力台加速度下的正向叠加

图 6-2（b）为力台最大加速度峰值分别为 $-0.12\ \text{m/s}^2$、$-0.27\ \text{m/s}^2$、$-0.47\ \text{m/s}^2$、$-0.74\ \text{m/s}^2$ 时，与双支撑期人体重心垂向加速度峰值正向叠加后的整体惯性力 F_{av} 峰值点的变化。经计算可知，两加速度峰值正向叠加后，重心整体惯性力 F_{av} 的峰值分别为 $-0.016\ \text{BW}$、$-0.031\ \text{BW}$、$-0.052\ \text{BW}$、$-0.079\ \text{BW}$，负号表示惯性力 F_{av} 方向向下，指向 Z 轴负向，图中直线 $A'B'$ 为双支撑期惯性力峰值点的连线。可见随力台加速度增大，双支撑期重心整体惯性力增大。

同时由图 6-2（b）可见，当双支撑期垂向惯性力 F_{gz} 与惯性力 F_{az} 正向叠加时，单支撑期的重心垂向惯性力经过叠加后，整体惯性力的方向及大小也会发生变化。随力台加速度的增大，单支撑期重心垂向力指向 Z 轴正向的时间缩短，当力台加速度大于单支撑期重心惯性加速度的峰值时，整个步态中重心垂向惯性力方向一致，均垂直向下，指向 Z 轴负向。

综上分析，惯性力 F_{az} 与人体重心垂向惯性力 F_{gz} 的正向叠加使得重心整体垂向惯性力 F_{av} 增大。但由于单支撑期与双支撑期重心垂向惯性力方向不同，因此每个支撑期的正向叠加会影响另一个支撑期重心惯性力的方向及大小。

二、垂向惯性力的反向叠加

重心垂向惯性力 F_{gz} 与力台加速度产生的惯性力 F_{az} 的反向叠加状态见图 6-3。图 6-3（a）中单支撑期重心垂向惯性力 F_{gz} 的谷值点 C 点与惯性力 F_{az} 的峰值 C' 点重合时，两者发生反向叠加。图 6-3（b）中惯性力 F_{az} 峰值 D' 点与双支撑期重心垂向惯性力 F_{gz} 峰值 D 点重合时，也为反向叠加。

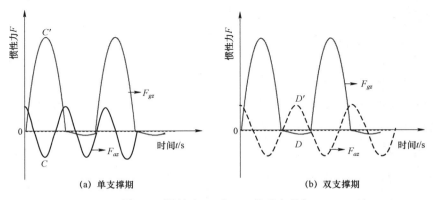

(a) 单支撑期   (b) 双支撑期

图 6-3 惯性力 F_{gz} 与 F_{az} 的反向叠加

图 6-4（a）为力台垂向加速度峰值分别为 $-0.12\ \text{m/s}^2$、$-0.27\ \text{m/s}^2$、$-0.47\ \text{m/s}^2$、$-0.74\ \text{m/s}^2$ 时，加速度 a_{gz} 及 a_z 在峰值点处叠加后的整体惯性力 F_{av} 的分布曲线。在上述力台最大加速度下，叠加后的整体惯性力 F_{av} 的峰值分别为 0.064 BW、0.049 BW、0.028 BW、0.000 3 BW。因此，反向叠加后，整体惯性力峰值减小。

由图 6-4（a）可知，在单支撑期的起始阶段和终了阶段，由于力台加速度绝对值大于重心加速度绝对值，且两加速度方向相反，使得所对应的重心整体加速度 a_v 方向改变，与力台加速度一致，因此整体惯性力 F_{av} 的方向也由向上改变为向下。当力台垂向加速度峰值大于单支撑期人体重心加速度峰值时，两加速度叠加后整个单支撑期的整体加速度均与力台加速度方向一致，此时，整个单支撑期的整体惯性力 F_{av} 方向均发生改变，指向 Z 轴负向。在单支撑期惯性力 F_{gz} 与 F_{az} 反向叠加时，双支撑期整体加速度的大小和方向取决于力台加速度与重心惯性加速度之间的对应关系。

双支撑期重心垂向惯性力 F_{gz} 与惯性力 F_{az} 方向相反时，为反向叠加。图 6-4（b）为 F_{gz} 与 F_{az} 在不同力台加速度 a_z 作用下反向叠加后的整体惯性力 F_{av} 的变化曲线。由于双支撑期重心垂向惯性力 F_{gz} 较小，力台运动产生的较小的惯性力 F_{az} 即可大于重心惯性力 F_{gz}，因此反向叠加后的整体惯性力 F_{av} 改变方向，与惯性力 F_{az} 方向一致，指向 Z 轴上方。力台加速度峰值为 0.12 m/s^2、0.27 m/s^2、0.47 m/s^2、0.74 m/s^2 时，叠加后对应的双支撑期整体惯性力峰值分别为 0.009 BW、0.023 BW、0.044 BW、0.076 BW，峰值随力台加速度的增大而增大。此时由于单支撑期的重心垂向惯性力 F_{gz} 方向与惯性力 F_{az} 一致，指向 Z 轴正向，因此单支撑期整体惯性力 F_{av} 也随之增大，且方向指向 Z 轴正向。

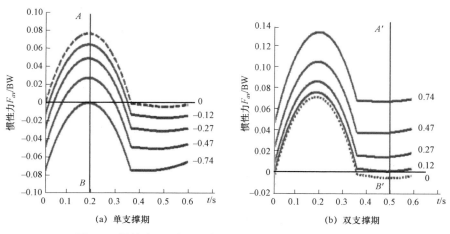

图 6-4　惯性力 F_{az} 与 F_{gz} 在不同力台加速度下的反向叠加

6.2　垂直外力作用下人体受力及滑摔机制

通过 6.1 的分析可知，当人体在垂直外力作用下行走时，外力的大小和方向对人体垂直方向的受力影响较大，本节主要分析不同大小和方向的垂直外力对人体受力及滑摔机制的影响。

6.2.1　单支撑阶段人体受力的及滑摔机制

在单支撑阶段，人体行走时的重心轨迹为向上凸起的一段圆弧，重心垂直方向惯性力 F_{gz} 方向垂直向上，指向 Z 轴正向。如图 6-5 所示。

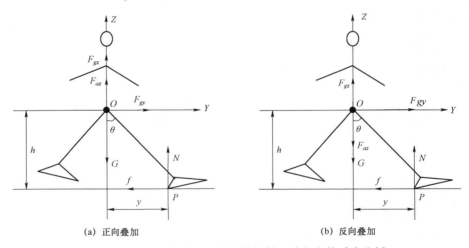

(a) 正向叠加　　　　　　　　　　(b) 反向叠加

图 6-5　垂向外力作用下单支撑期第一阶段人体受力分析

一、单支撑第一阶段人体受力及滑摔机制

（1）垂直外力与重心垂直惯性力正向叠加

单支撑期第一阶段处于步态的制动阶段，此时重心水平方向惯性力 F_{gy} 与人体行走方向一致，指向 Y 轴正向，垂直惯性力 F_{gz} 方向垂直向上，

指向 Z 轴正向。当惯性力 F_{az} 与重心垂直方向惯性力 F_{gz} 正向叠加时，人体受力如图 6-5（a）所示。根据达朗贝尔原理可得方程组（6-3）。

$$\begin{cases} F_{gy} - f = 0 \\ F_{gz} + F_{az} + N - G = 0 \\ f \cdot h - N \cdot y = 0 \end{cases} \tag{6-3}$$

整理后可得方程（6-4）。

$$\begin{cases} f = F_{gy} \\ N = G - F_{gz} - F_{az} \\ \dfrac{f}{N} = \dfrac{y}{h} = \dfrac{F_{gy}}{G - F_{gz} - F_{az}} \end{cases} \tag{6-4}$$

由方程组（6-4）可知，脚底摩擦力 f 等于重心水平方向的惯性力 F_{gy}，忽略脚底接触力 F_x，f 即为脚底所受到的与行走方向一致的接触力 F_y，其大小及方向与水平静止地面上行走时相同，不随垂直方向外力发生变化。随力台加速度增大，F_{az} 增大，脚底支撑力 $N = G - F_{gz} - F_{az}$ 减小，脚底所需摩擦系数 $RCOF = f/N$ 随垂直方向惯性力 F_{az} 的增大而增大。因此，所需摩擦系数 $RCOF$ 增大，$\Delta RCOF = CCOF - RCOF$ 减小，人体滑摔风险升高。

（2）外力与重心惯性力反向叠加

当惯性力 F_{az} 与人体重心垂直方向惯性力 F_{az} 反向叠加时。此时人体受力分析如图 6-5（b）所示。根据达朗贝尔原理，可得力及力矩动态平衡方程，见方程组（6-5）。

$$\begin{cases} F_{gy} - f = 0 \\ F_{gz} - F_{az} + N - G = 0 \\ f \cdot h - N \cdot y = 0 \end{cases} \tag{6-5}$$

整理后可得方程组（6-6）。

$$\begin{cases} f = F_{gy} \\ N = G + F_{az} - F_{gz} \\ \dfrac{f}{N} = \dfrac{y}{h} = \dfrac{F_{gy}}{G + F_{az} - F_{gz}} \end{cases} \tag{6-6}$$

由方程组（6-6）可知，当惯性力 F_{az} 与人体重心垂直方向惯性力 F_{gz} 反向叠加时，F_{az} 随力台加速度 a_z 的增大而增大，脚底支撑力 $N = G - F_{gz} + F_{az}$ 也随之增大，$f = F_{gy}$ 不随力台加速度而变化，因此脚底所需摩擦系数 $RCOF = f/N$ 随力台垂直加速度 a_z 的增大而减小，$\Delta RCOF = CCOF - RCOF$ 增大，人体滑摔风险降低。

二、单支撑第二阶段人体受力及滑摔机制

单支撑第二阶段，人体后脚蹬地，脚底摩擦力 f 与人体行走方向一致。重心垂直方向惯性力 F_{gz} 与单支撑第一阶段方向相同，指向 Z 轴正向。当惯性力 F_{az} 方向向上时，与 F_{gz} 正向叠加；当 F_{az} 方向向下时，与 F_{gz} 反向叠加。单支撑期第二阶段 F_{az} 与 F_{gz} 正向叠加及反向叠加后，人体受力分析分别如图 6-6（a）、6-6（b）所示。根据达朗贝尔原理分别列出力及力矩平衡方程，经整理后分别可得方程组（6-7）、（6-8）。经对比发现，单支撑期第二阶段 F_{az} 与 F_{gz} 正向叠加及反向叠加后的动态平衡方程组分别与第一阶段正向叠加及反向叠加后的表达式相同，即方程组（6-5）与（6-7）相同，方程组（6-6）与（6-8）相同。因此单支撑期第二阶段与第一阶段在 F_{az} 与 F_{gz} 正向叠加及反向叠加时具有相同的滑摔倾向，即

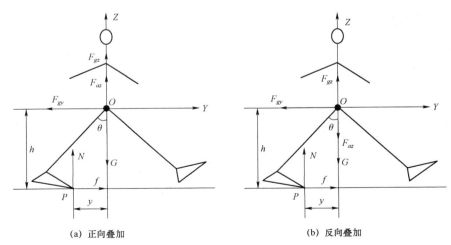

(a) 正向叠加   (b) 反向叠加

图 6-6　垂向外力作用下单支撑期第二阶段人体受力分析

外力与重心惯性力的正向叠加增大人体滑摔风险，反向叠加降低人体滑摔风险。

$$\begin{cases} f = F_{gy} \\ N = G + F_{az} - F_{gz} \\ \dfrac{f}{N} = \dfrac{y}{h} = \dfrac{F_{gy}}{G + F_{az} - F_{gz}} \end{cases} \tag{6-7}$$

$$\begin{cases} f = F_{gy} \\ N = G - F_{az} - F_{gz} \\ \dfrac{f}{N} = \dfrac{y}{h} = \dfrac{F_{gy}}{G - F_{az} - F_{gz}} \end{cases} \tag{6-8}$$

6.2.2　垂直外力作用下双支撑阶段人体受力及滑摔机制

一、双支撑第一阶段人体受力及滑摔机制

双支撑期第一阶段，身体受力如图 6-7 所示。重心水平方向惯性力 F_{gy} 与人体行走方向相反，即指向 Y 轴负向。重心垂直方向惯性力 F_{gz} 与单支撑期方向相反，指向 Z 轴负向，垂直向下。

（1）垂直外力与重心垂直惯性力正向叠加

当惯性力 F_{az} 方向向下时，与人体重心垂直方向惯性力 F_{gz} 发生正向叠加时，人体受力分析见图 6-7（a），根据达朗贝尔原理可得方程组（6-9）。

$$\begin{cases} f_2 - f_1 - F_{gy} = 0 \\ N_1 + N_2 - G - F_{gz} - F_{az} = 0 \\ N_2 \bullet y_2 + f_1 \bullet h - N_1 \bullet y_1 - f_2 \bullet h = 0 \end{cases} \tag{6-9}$$

整理后可得方程（6-10）。

$$\begin{cases} f_2 - f_1 = F_{gy} \\ N_1 + N_2 = G + F_{gz} + F_{az} \\ f_2 - f_1 = N_2 \bullet \tan\theta_2 - N_1 \bullet \tan\theta_1 \end{cases} \tag{6-10}$$

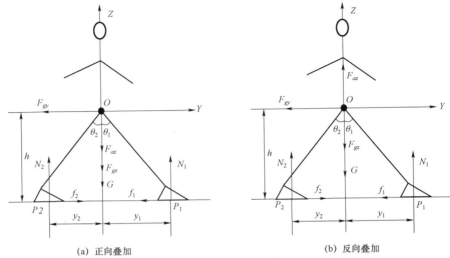

(a) 正向叠加   (b) 反向叠加

图 6-7 垂直外力作用下双支撑期第一阶段人体受力分析

由式（6-10）可知，$f_2-f_1=F_{gy}$ 不随力台垂向外力的作用而变化，f_1、f_2 的大小与静止地面行走时相同。随力台加速度 a_z 的增大，惯性力 F_{az} 增大，$N_1+N_2=G+F_{az}+F_{gz}$ 随之增大，根据达朗贝尔原理，惯性力与位置无关，各处均匀。因此前后脚支撑力 N_1、N_2 随力台加速度的增大而增大，增大量均为 $F_{az}/2$。与水平静止地面行走相比，由于摩擦力 f_1、f_2 不变，N_1、N_2 增大，因此前脚所需摩擦系数 $RCOF_1=f_1/N_1$ 及后脚所需摩擦系数 $RCOF_2=f_2/N_2$ 均减小，身体滑摔风险降低。

由式（6-10）可得脚底接触力 N_1、N_2 及脚底所需摩擦力 f_1、f_2，分别见式（6-11）、式（6-12）。

$$N_1=\frac{(G+F_{gz}+F_{az})\tan\theta_2+F_{gy}}{\tan\theta_1+\tan\theta_2}, \quad N_2=\frac{(G+F_{gz}+F_{az})\tan\theta_1+F_{gy}}{\tan\theta_1+\tan\theta_2}$$

（6-11）

$$f_1=\frac{(G+F_{gz}+F_{az})\tan\theta_2+F_{gy}}{\tan\theta_1+\tan\theta_2}\tan\theta_1, \quad f_2=\frac{(G+F_{gz}+F_{az})\tan\theta_1+F_{gy}}{\tan\theta_1+\tan\theta_2}\tan\theta_2$$

（6-12）

（2）垂直外力与重心垂直惯性力反向叠加

当惯性力 F_{az} 方向向上时，与重心垂直方向惯性力 F_{gz} 发生反向叠加。人体受力分析见图 6-7（b）。根据达朗贝尔原理可得方程组（6-13）。

$$\begin{cases} f_2 - f_1 - F_{gy} = 0 \\ N_1 + N_2 + F_{az} - G - F_{gz} = 0 \\ N_2 \cdot y_2 + f_1 \cdot h - N_1 \cdot y_1 - f_2 \cdot h = 0 \end{cases} \qquad (6\text{-}13)$$

整理后可得方程（6-14）。

$$\begin{cases} f_2 - f_1 = F_{gy} \\ N_1 + N_2 = G + F_{gz} - F_{az} \\ f_2 - f_1 = N_2 \cdot \tan\theta_2 - N_1 \cdot \tan\theta_1 \end{cases} \qquad (6\text{-}14)$$

由式（6-14）可知，$f_2 - f_1 = F_{gy}$，f_1、f_2 不受垂直外力 F_{az} 的影响，与水平静止地面行走时同阶段摩擦力相等。随力台加速度增大，惯性力 F_{az} 增大，$N_1 + N_2 = G + F_{gz} - F_{az}$ 减小，N_1、N_2 均随之减小 $F_{az}/2$。因此前脚所需摩擦系数 $RCOF_1 = f_1/N_1 = \tan\theta_1$ 及后脚所需摩擦系数 $RCOF_2 = f_2/N_2 = \tan\theta_2$ 均增大，人体行走的稳定性降低，滑摔风险升高。欲使人体不发生滑摔，需同时满足公式 $RCOF_1 < CCOF$ 及 $RCOF_2 < CCOF$。

由方程组（6-14）可得脚底接触力 N_1、N_2 及脚底所需摩擦力 f_1、f_2，分别见式（6-15）、式（6-16）。

$$N_1 = \frac{(G + F_{gz} - F_{az})\tan\theta_2 + F_{gy}}{\tan\theta_1 + \tan\theta_2}, \qquad N_2 = \frac{(G + F_{gz} - F_{az})\tan\theta_1 + F_{gy}}{\tan\theta_1 + \tan\theta_2}$$

$$(6\text{-}15)$$

$$f_1 = \frac{(G + F_{gz} - F_{az})\tan\theta_2 + F_{gy}}{\tan\theta_1 + \tan\theta_2}\tan\theta_1, \qquad f_2 = \frac{(G + F_{gz} - F_{az})\tan\theta_1 + F_{gy}}{\tan\theta_1 + \tan\theta_2}\tan\theta_2$$

$$(6\text{-}16)$$

通过以上分析可知，在双支撑期第一阶段，脚底摩擦力不受垂直方向外力的影响。当惯性力 F_{az}、与 F_{gz} 正向叠加时，由于支撑力 N_1、N_2 增大，降低了行走时的所需摩擦系数，从而使人体行走时的滑摔风险降低。F_{az}、与 F_{gz} 的反向叠加减小了脚底支撑力 N_1、N_2，所需摩擦系数增大，导致人体行走时滑摔风险升高。

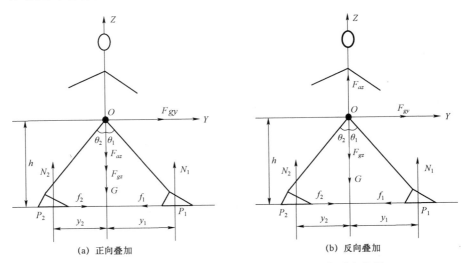

图 6-8　垂向外力作用下双支撑期第二阶段人体受力分析

二、双支撑第二阶段人体受力及滑摔机制

在双支撑期的第二阶段，重心水平惯性力 F_{gy} 与行走方向一致，指向 Y 轴正向。重心垂直惯性力 F_{gz} 方向与第一阶段相同，指向 Z 轴负向。垂直外力 F_{az} 与重心垂直惯性力 F_{gz} 正向叠加及反向叠加时人体受力分析分别如图 6-8（a）、（b）所示。根据达朗贝尔原理分别列出其力及力矩平衡方程，整理后可得正向叠加时的方程组（6-17）以及反向叠加时的方程组（6-18）。

$$\begin{cases} f_1 - f_2 = F_{gy} \\ N_1 + N_2 = G + F_{gz} + F_{az} \\ f_1 - f_2 = N_1 \cdot \tan\theta_1 - N_2 \cdot \tan\theta_2 \end{cases} \quad (6\text{-}17)$$

$$\begin{cases} f_1 - f_2 = F_{gy} \\ N_1 + N_2 = G + F_{gz} - F_{az} \\ f_1 - f_2 = N_1 \cdot \tan\theta_1 - N_2 \cdot \tan\theta_2 \end{cases} \quad (6\text{-}18)$$

由方程组（6-17）可知，水平方向摩擦力 $f_1 - f_2 = F_{gy}$，f_1、f_2 不受垂向外力 F_{az} 的影响。惯性力 F_{az} 随力台运动加速度的增大而增大，脚底支撑

力 $N_1 + N_2 = G + F_{gz} + F_{az}$ 随之增大，N_1、N_2 的增大量均为 $F_{az}/2$。前脚所需摩擦系数 $RCOF_1 = f_1/N_1$ 及后脚所需摩擦系数 $RCOF_2 = f_2/N_2$ 随之减小，因此降低了人体行走时的滑摔风险。

　　由方程组（6-17）可推导出脚底接触力 N_1、N_2 及摩擦力 f_1、f_2，其表达式与双支撑第一阶段惯性力 F_{gz} 及 F_{az} 正向叠加时相同，分别见式（6-11）、式（6-12）。

　　由方程组（6-18）可知，随惯性力 F_{az} 的增大，摩擦力 f_1、f_2 不变，支撑力 $N_1 + N_2 = G + F_{gz} - F_{az}$ 均减小 $F_{az}/2$，支撑力的减小使前脚所需摩擦系数 $RCOF_1 = f_1/N_1$ 及后脚所需摩擦系数 $RCOF_2 = f_2/N_2$ 增大，人体行走时的滑摔风险升高。在双支撑期第二阶段，无论 F_{gz} 及 F_{az} 之间为正向叠加还是反向叠加，均需满足公式 $RCOF_1 < CCOF$ 及 $RCOF_2 < CCOF$，才能使人体行走时免于滑摔。

　　根据方程组（6-18）可推导出惯性力 F_{gz} 与 F_{az} 正向叠加时脚底接触力 N_1、N_2 及摩擦力 f_1、f_2 的表达式，与双支撑期第一阶段 F_{gz} 及 F_{az} 反向叠加时的表达式相同，分别见式（6-15）、式（6-16）。

　　由以上分析可知，在垂直外力作用下，整个双支撑期，身体水平方向受力不变，而垂直方向的支撑力 N_1、N_2 由于 F_{gz} 及 F_{az} 的正向叠加而增大，脚底所需摩擦系数降低，人体滑摔风险降低。F_{gz} 及 F_{az} 的反向叠加使得脚底支撑力 N_1、N_2 减小，所需摩擦系数增大，人体滑摔倾向增大。

6.3　垂直外力对脚–地接触力及步态分布的影响

6.3.1　垂直外力对脚底侧向接触力及前后向接触力的影响

不同力台加速度下行走时脚底侧向接触力峰值 F_{x1} 及 F_{x2} 的变化如

图 6-9（a）及（b）所示。加速度 $a_z>0$ 表示人体重心垂直惯性加速度 a_{gz} 与力台加速度 a_z 为正向叠加；加速度 $a_z<0$ 表示两者反向叠加。加速度 a_z 与 a_{gz} 对应的惯性力 F_{az} 及 F_{gz} 之间的叠加方式与加速度一致。

试验统计结果可知，$F_{x1}=(0.064\pm0.009)$ BW，$F_{x2}=(0.059\pm0.008)$ BW，在不同垂直外力作用下，侧向接触力峰值保持不变（$r=0.30$，$p<0.01$），但其离散系数分别为 14.1% 及 13.6%，因此数据的波动大于水平静止地面行走。

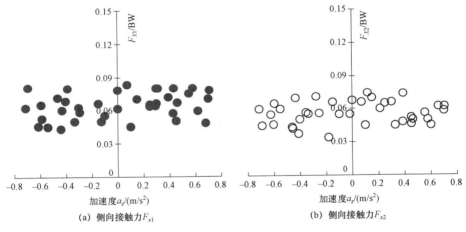

(a) 侧向接触力 F_{x1} (b) 侧向接触力 F_{x2}

图 6-9 侧向接触力峰值随力台加速度的变化

图 6-10 为脚底前后向接触力峰值 F_{y1} 及 F_{y2} 随力台垂向加速度 a_z（与 F_{az} 变化一致）的变化，经计算可得 $F_{y1}=(0.208\pm0.022)$BW，$F_{y2}=(0.211\pm0.020)$ BW。前后向接触力峰值随力台加速度的变化均无明显改变（$r=0.30$，$p<0.01$）。两峰值对应的离散系数分别为 10.6% 及 9.5%，略大于水平静止地面行走时的离散系数。

由以上分析可知，脚底侧向接触力 F_x 及前后向接触力 F_y 不随力台垂向加速度 a_z 或垂向力 F_{az} 而改变而变化，但其波动大于静止地面上行走，说明在力台垂向运动作用，脚底受力不均匀程度升高。

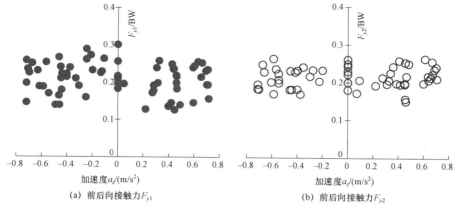

(a) 前后向接触力F_{y1} (b) 前后向接触力F_{y2}

图 6-10 前后向接触力峰值随力台加速度的变化

6.3.2 垂直外力对脚底垂向接触力的影响

图 6-11 为脚底垂向接触力峰值 F_{z1} 及 F_{z2} 随力台加速度 a_z 的变化。由图 6-11（a）可知，当力台垂向加速度 a_z 与人体重心垂向惯性加速度 a_{gz} 正向叠加时（$a_z > 0$），此时力 F_{az} 及 F_{gz} 也为正向叠加，垂向力峰值 F_{z1} 随力台加速度增大而增大；当力台垂向加速度 a_z 与人体重心垂向加速度 a_{gz} 反向叠加时（$a_z < 0$），峰值 F_{z1} 随力台加速度增大而减小。随力台加速变化，垂向接触力峰值 F_{z2} 的变化趋势与 F_{z1} 一致，见图 6-11（b）。

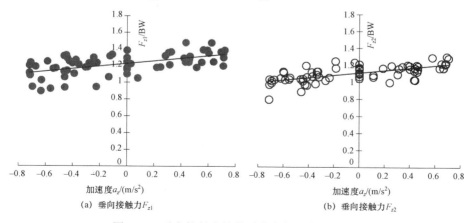

(a) 垂向接触力F_{z1} (b) 垂向接触力F_{z2}

图 6-11 垂向接触力峰值随力台加速度的变化

峰值 F_{z1} 及 F_{z2} 随加速度 a_z 的变化经线性拟合后分别可得 $F_{z1}=0.160a_z+1.226$（$R^2=0.345\ 7$，$p<0.01$，$r=0.588\ 0$）、$F_{z2}=0.176a_z+1.113$（$R^2=0.612\ 3$，$p<0.01$，$r=0.782\ 5$），因此峰值 F_{z1}、F_{z2} 与力台加速度 a_z 为中度线性正相关关系。

由 6.2 节分析可知，当力台在垂直方向上做加速或减速运动时，人体水平方向上所受各力的大小和方向均保持不变。在垂直方向上，不同的步态阶段人体重心垂向惯性力 F_{gz} 方向是不同的。在单支撑阶段，重心垂直方向惯性力 F_{gz} 垂直向上，双支撑阶段 F_{gz} 垂直向下。因此惯性力 F_{az} 的大小和方向均会影响到脚底支撑力，使脚底支撑力的大小发生变化。

一、垂直外力对双支撑期脚底垂向接触力的影响

在图 5-14 中，垂向接触力 F_z 的两峰值均处于双支撑期。F_{z1} 在双支撑第一阶段，F_{z2} 在双支撑第二阶段。在双支撑期，惯性力 F_{az} 与人体重心垂直惯性力 F_{gz} 正向叠加时（$a_z>0$），脚底支撑力 $N_1+N_2=G+F_{az}+F_{gz}$。随力台加速度 a_z 增大，支撑力 N_1、N_2 均增大。而 $F_{z1}=N_1$，$F_{z2}=N_2$，因此垂向接触力峰值 F_{z1}、F_{z2} 均随力台加速度 a_z 的增大而增大，如图 6-11（a）、（b）所示。

当惯性力 F_{az} 与人体重心垂直惯性力 F_{gz} 反向叠加（$a_z<0$），即 F_{gz} 向下，F_{az} 向上时，脚底接触力 $N_1+N_2=G+F_{gz}-F_{az}$。F_{az} 随力台加速度的增大而增大，脚底支撑力 N_1、N_2 减小。因此垂向接触力峰值 F_{z1}、F_{z2} 均随力台加速度的增大而减小，如图 6-11（a）、（b）所示。

二、垂直外力对单支撑期脚底垂向接触力的影响

由 6.2 节分析可知，在单支撑期，人体重心惯性力 F_{gz} 垂直向上，当惯性力 F_{az} 与 F_{gz} 正向叠加时（$a_z>0$），无论是单支撑第一阶段，还是第二阶段，脚底支撑力均为 $N=G-F_{gz}-F_{az}$，惯性力 F_{az} 随力台加速度 a_z 的增大而增大，脚底支撑力 N 减小。由于 $F_z=N$，因此 F_z 随之减小。惯性力 F_{gz} 与 F_{az} 反向叠加时（$a_z<0$），脚底支撑力 $N=G-F_{gz}+F_{az}$，随力台加速

度 a_z 增大，惯性力 F_{az} 增大，脚底垂向接触力 F_z 增大。

图 6-12 为垂向接触力谷值 F_v 随力台加速度 a_z 的变化。由图 6-12 可知，当力台加速度 a_z 与人体重心惯性加速度 a_{gz} 方向相反（$a_z<0$），即惯性力 F_{az} 与 F_{gz} 反向叠加时，随力台加速度 a_z 增大，谷值 F_v 减小；当 $a_z>0$ 时，F_{az} 与 F_{gz} 为正向叠，$p<0.01$，$r=0.602\ 8$，谷值 F_v 与力台加速度 a_z 之间为线性正相关关系。

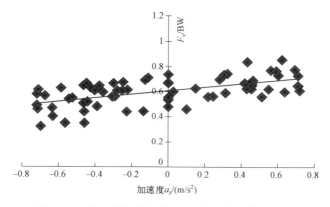

图 6-12 垂向接触力谷值 F_v 随力台加速度的变化

由图 5-14 可知，垂向接触力谷值 F_v 处于单支撑期。图 6-13 为垂向惯性力 F_{az} 的变化曲线与人体步态之间的位置关系，图中 AEB、CFD、$A'E'B'$、$C'F'D'$ 为脚底垂向接触力 F_z 分布曲线。其中步态 AEB 及 CFD 处的惯性力 F_{az} 垂直向下，与双支撑期重心垂向惯性力 F_{gz} 一致，二者正向叠加，因此峰值点 A、B、C、D 所对应的垂向接触力 F_z 增大。而处于单支撑期的 E 点与 F 点处的重心垂向惯性力 F_{gz} 方向垂直向上，与惯性力 F_{az} 方向相反，因此其对应的垂向接触力谷值 F_v 减小。

图 6-13 中垂向接触力曲线 $A'E'B'$ 及 $C'F'D'$ 所对应的惯性力 F_{az} 垂直向上，与峰值点 A'、B'、C'、D' 所对应的重心垂向惯性力 F_{gz} 的方向相反，两者为反向叠加，而与处于单支撑期的 E' 点及 F' 点所对应的 F_{gz} 方向相同，为正向叠加。因此峰值点 A'、B'、C'、D' 所对应的脚底垂向接触力 F_z 减

小，E' 点及 F' 点所对应的谷值 F_v 增大。

以上分析结果表明，垂直外力作用下，人体脚底接触力的试验结果与理论分析结果一致。

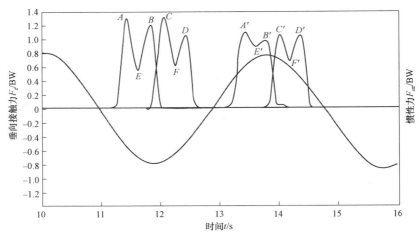

图 6-13　力台运动与行走步态的叠加

6.3.3　垂直外力对步态阶段的影响

图 6-14 为在垂直外力作用下制动期时间 t_1 与起动期时间 t_2 随力台垂直加速度 a_z 的变化曲线。图 6-14 中加速度 a_z 为垂向力第一个峰值点所对应的力台加速度，且每个步态的制动期与起动期所对应的力台加速度方向相同，即当图 6-14 中力台加速度 $a_z > 0$ 时，整个步态对应的力台加速度均指向上方，如图 6-13 中的步态 AEB 及 CFD；$a_z < 0$ 时，步态对应的力台加速度均指向下方，如图 6-13 中的步态曲线 $A'E'B'$ 及 $C'F'D'$。图 6-14 表明，t_1/t_2 随力台加速度 a_z 改变无明显变化。分析可知，人体行走步态中的制动期及起动期的时间分配主要取决于 F_y 的大小及方向。力台垂向加速度对前后向接触力 F_y 无明显影响，因此 t_1 及 t_2 不随力台加速度发生改变。

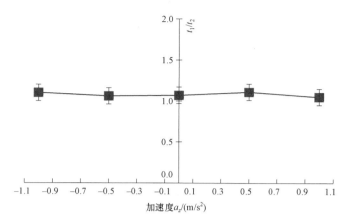

图 6-14　制动期及起步期时间分配随力台加速度 a_z 的变化

表 6-1 为制动期与起动期脚底所受三维接触力合力的冲量。表中数据表明，随力台加速度 a_z 的增加，制动期冲量 S_b 及起动期冲量 S_t 无明显变化。经分析可知，在脚底接触力 F_y、F_x、F_z 中，F_y、F_x 不随力台垂向加速度而变化，当力台垂向加速度与垂向接触力 Fz 的两峰值所对应的人体重心垂向惯性加速度方向一致时（$a_z > 0$），峰值 F_{z1} 及 F_{z2} 增大，而此时谷值 F_v 减小；当 $a_z < 0$ 时，峰值 F_{z1} 及 F_{z2} 减小，谷值 F_v 增大（如图 6-12 所示），同时，制动期及起动期时间也不随力台垂向加速度而变化，因此制动期及起动期冲量也不随力台垂向加速度而变化。

表 6-1　不同垂向加速度下的冲量（N·s）

加速度 $a_{max}/$（m/s²）	S_b（$n = 10$）	S_t（$n = 10$）
−1.0	0.79±0.11	0.80±0.12
−0.5	0.81±0.11	0.79±0.11
0	0.80±0.10	0.80±0.12
0.5	0.80±0.12	0.79±0.12
1.0	0.81±0.13	0.80±0.13

6.4 垂直外力对脚底摩擦系数的影响

6.4.1 脚底所需摩擦系数

一、侧向所需摩擦系数

在垂直外力作用下，脚底侧向所需摩擦系数 $RCOF_x$ 随力台垂向加速度 a_z 的变化如图 6-15 所示。图 6-15（a）为侧向所需摩擦系数制动期峰值 $RCOF_{x1}$，图 6-15（b）为起动期峰值 $RCOF_{x2}$。试验结果表明，所需摩擦系数峰值 $RCOF_{x1}$ 及 $RCOF_{x2}$ 的大小随力台垂向加速度的改变无明显变化（$r=0.30$，$p<0.01$）。制动期峰值 $RCOF_{x1}=0.048\,0\pm0.007\,0$，起动期峰值 $RCOF_{x2}=0.069\,0\pm0.008\,0$，其值与水平静止地面行走时基本一致。两峰值所对应的离散系数分别为 14.6% 及 11.6%，大于水平静止地面行走，在垂向外力作用下，侧向所需摩擦系数波动增大。

二、前后向及整体所需摩擦系数

图 6-16 为垂直外力作用下脚底前后向所需摩擦系数 $RCOF_y$ 随力台垂向加速度 a_z 的变化。图 6-16（a）为第一个峰值 $RCOF_{y1}$ 的变化，图 6-16（b）为第二个峰值 $RCOF_{y2}$ 变化趋势。

由图 6-16 可知，随力台加速度 a_z 的变化，峰值 $RCOF_{y1}$ 与 $RCOF_{y2}$ 变化趋势一致，且处于起动期的峰值 $RCOF_{y2}$ 总体大于相同力台加速度下处于制动期的峰值 $RCOF_{y1}$。当力台垂直加速度 $a_z>0$ 时，$RCOF_{y1}$ 及 $RCOF_{y2}$ 随力台加速度的增大而减小，当力台垂直加速度 $a_z<0$ 时，$RCOF_{y1}$ 及 $RCOF_{y2}$ 随力台加速度数值的增大而增大。

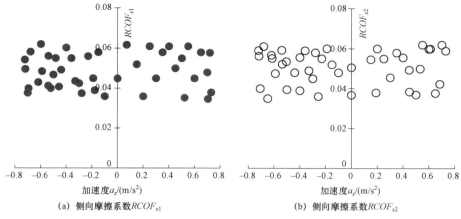

(a) 侧向摩擦系数$RCOF_{x1}$　　　　　　(b) 侧向摩擦系数$RCOF_{x2}$

图 6-15　侧向所需摩擦系数 $RCOF_x$ 随力台垂直加速度的变化

图 6-16（a）中 $RCOF_{y1}$ 值随力台加速度 a_z 的变化经线性拟合后可得 $RCOF_{y1} = -0.042\,2a_z + 0.192\,2$，（$R^2 = 0.261\,5$；$p < 0.01$，$r = -0.511\,4$），摩擦系数 $RCOF_{y1}$ 与力台加速度 a_z 之间为中度负相关；表 6-16（b）中 $RCOF_{y2}$ 与力台加速度之间的变化关系经线性拟合后可得 $RCOF_{y2} = -0.078\,0a_z + 0.309\,9$，（$R^2 = 0.334\,2$；$p < 0.01$，$r = -0.578\,1$），$RCOF_{y2}$ 与力台加速度之间也呈现出中度负相关关系。因此，可以得出，摩擦系数随力台加速度增大而减小。

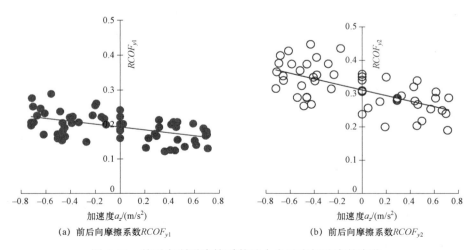

(a) 前后向摩擦系数$RCOF_{y1}$　　　　　　(b) 前后向摩擦系数$RCOF_{y2}$

图 6-16　前后向所需摩擦系数随力台垂直加速度的变化

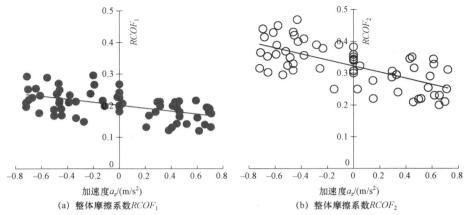

(a) 整体摩擦系数$RCOF_1$　　　　　(b) 整体摩擦系数$RCOF_2$

图 6-17　整体所需摩擦系数随力台垂直加速度的变化

垂直外力作用下脚底整体摩擦系数 $RCOF$ 随力台垂直加速度 a_z 的变化如图 6-17 所示。经线性拟合后可得 $RCOF_1 = -0.047\ 1a_z + 0.201\ 7$，（$R^2 = 0.283\ 4$，$p < 0.01$，$r = -0.532\ 4$）；$RCOF_2 = -0.096\ 7a_z + 0.322\ 3$，（$R^2 = 0.457\ 2$，$p < 0.01$，$r = -0.676\ 2$）。由此可知，整体摩擦系数 $RCOF_1$、$RCOF_2$ 与力台加速度 a_z 之间均为中度负相关关系，其变化趋势与前后向摩擦系数 $RCOF_y$ 一致。

由 6.2 节分析可知，力台垂直加速度上、下运动时，脚底侧向接触力 F_x 及前后向接触力 F_y 均不随力台加速度而改变。当力台加速度与人体重心加速度正向叠加时（$a_z > 0$），F_{gz} 与 F_{az} 也为正向叠加，因而整体惯性力 F_{av} 增大，垂向接触力 F_z 随 F_{av} 而增大，当 F_{gz} 与 F_{az} 反向叠加时（$a_z < 0$），垂向接触力峰值 F_z 随力台加速度的增大而减小。根据所需摩擦系数计算方法 $RCOF_y = F_y / F_z$ 及 $RCOF = \sqrt{F_x^2 + F_y^2} / F_z$，可以得出，当 $a_z > 0$ 时，$RCOF_y$ 及 $RCOF$ 随力台加速度的增大而减小；$a_z < 0$ 时，$RCOF_y$ 及 $RCOF$ 随力台加速度的增大而增大。

图 6-18 为重心加速度与力台垂直加速度不同叠加状态下摩擦系数的分布及数值变化。由图 6-18 可知，整体摩擦系数 $RCOF$ 与前后向摩擦系数 $RCOF_y$ 的分布曲线几乎重合，说明在力台垂直加速度作用下，$RCOF$、

$RCOF_y$ 大小及分布一致。图 6-18 中 A 点及 B 点处惯性力 F_{gz} 与 F_{az} 反向叠加，即 $a_z<0$，其对应的摩擦系数较大；A' 点及 B' 点处加速度正向叠加，即 $a_z>0$，其对应的摩擦系数减小。试验结果与分析结果相一致。

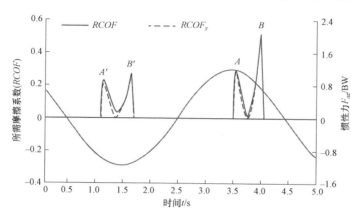

图 6-18　力台运动与步态之间的叠加关系

6.4.2　主动摩擦系数

由以上分析可知，在垂直外力作用下，脚底侧向接触力 F_x 及前后向接触力 F_y 均未发生明显变化，而垂向接触力 F_z 变化较大。在水平静止地面行走时，脚底支撑力 $N=F_z$。当垂直外力 F_{az} 方向向上时，单支撑期脚底接触力 N 减小 $F_{az}=ma_z$，双支撑期脚底支撑力 N_1、N_2 均增加 $ma_z/2$。当外力 F_{az} 垂直向下时，单支撑期脚底支撑力 N 增大 $F_{az}=ma_z$，双支撑期前后脚支撑力 N_1、N_2 均减小 $ma_z/2$。将不同力台加速度作用下垂向外力 F_{az} 对支撑力的影响量去除后，可得到如图 6-19 所示的脚底支撑力 N_1、N_2。

由图 6-19 可知，脚底支撑力峰值 N_{p1}、N_{p2} 不随垂向加速度 a_z 变化，统计结果显示，$N_{p1}=(1.211\pm0.130)BW$，$N_{p2}=(1.101\pm0.091)BW$。N_{p1} 的数值与水平静止地面行走时一致，N_{p2} 略小于水平静止地面行走时的均值。

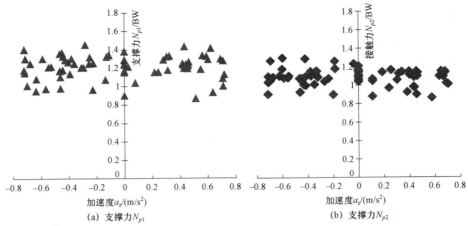

(a) 支撑力N_{p1} (b) 支撑力N_{p2}

图 6-19　支撑力随力台垂直加速度的变化

由于脚底前后向接触力 F_y 不受垂向外力 F_{az} 影响，因此脚底摩擦力 $f=F_y$。摩擦力 f 与脚底支撑力 N 的比值即为摩擦系数 u_p，$u_p=f/N$，此处的 u_p 相当于水平静止地面行走时的所需摩擦系数 $RCOF_y$。主动摩擦系数峰值随垂直加速度的变化趋势见图 6-20。

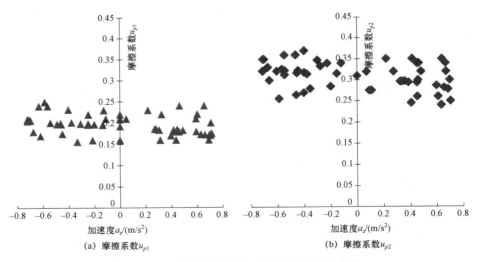

(a) 摩擦系数u_{p1} (b) 摩擦系数u_{p2}

图 6-20　主动摩擦系数随力台垂直加速度的变化

由图 6-20 可知，随水平外力 F_{az} 的变化，主动摩擦系数峰值 u_{p1}、u_{p2} 无明显变化。试验结果可得，主动摩擦系数峰值 $u_{p1}=0.195\,5\pm0.023\,0$，比水平静止地面行走时增大 3.5%，离散系数 11.8%；主动摩擦系数峰值 $u_{p2}=0.309\,9\pm0.030\,1$，与水平静止地面行走时基本相等，离散系数为 9.7%。

通过分析表明，在去除垂直外力影响后，脚底主动摩擦系数 u_{p1}、u_{p2} 基本等于水平静止地面行走时的摩擦系数。

6.5　本章小结

在人体行进过程中，对行走地面施加垂向外力，通过研究垂向外力对人体受力及滑摔机制的影响，可得出以下结论。

（1）垂直外力不改变重心水平方向受力，对重心垂直方向受力状态影响较大。当外力方向垂直向上时，单支撑期重心整体垂向惯性力 F_{av} 增加，双支撑期 F_{av} 减小；外力方向垂直向下时，单支撑期重心整体垂向惯性力 F_{av} 减小，双支撑期 F_{av} 增大。

（2）在垂直外力作用下，脚底侧向接触力 F_x 及前后向接触力 F_y 不发生变化，垂向接触力 F_z 随垂直外力的大小和方向而变化，从而改变脚底支撑力。当垂直外力方向向上时，脚底支撑力峰值均减小 $ma_z/2$，当垂向外力方向向下时，支撑力峰值均增大 $ma_z/2$。

（3）脚底侧向所需摩擦系数 $RCOF_x$ 不随垂直外力而变化，而前后向及整体所需摩擦系数 $RCOF_y$、$RCOF$ 变化较大。当垂向外力方向向上时，人体滑摔风险由于所需摩擦系数 $RCOF_y$、$RCOF$ 峰值的增大而升高；当垂向外力方向向下时，$RCOF_y$、$RCOF$ 的峰值随垂直外力的增大而减小，滑

人体摔风险降低。

（4）脚底主动摩擦力 f 及摩擦系数 u_p 保持不变，其数值与静止地面行走时的摩擦力及摩擦系数基本相等，但波动量大于水平静止地面上行走。

第 7 章　步进滑摔模糊判断与预测

　　熵因子与其他因子融合是模糊判断中应用非常广泛的一种方法。物理学中熵的概念，用于度量一个热力学系统的无序程度，是对一种不确定性的测量。熵因子即为熵权，国内外不同领域的学者利用熵因子结合其他因子进行了大量的模糊判断研究。

　　文献针对影响数控磨床可靠性的因素不确定、影响程度模糊的特点，研究了基于熵因子的组合权重法对数控磨床可靠性的模糊分配，结果可信实用；文献针对目前水润滑尾轴承性能表征参数较多且结构、材料设计参数对性能的影响复杂的现状，提出基于熵权模糊综合评价的水润滑尾轴承性能评估方法，实现对所有水润滑尾轴承的相对优劣评估，评价方法具有较广泛的适用性；文献采用基于熵权的综合评价法，对痕量灌溉条件下水肥耦合处理对温室草莓产量、品质和水肥利用效率的影响进行评价，从而确定了最优灌水施肥量；文献针对系统综合评价过程中存在各种不确定性的问题，提出了一种基于熵权和经验因子的模糊综合评价方法。权重的确定采用基于熵因子和经验因子的权重确定方法，并利用该方法对一信息系统的风险进行了评估。学者 Wenping Mou、Xin Gao 等根据历史加工数据，提出一种基于熵权的工艺规划模糊综合评价方法；Rajesh Joshi、Satish Kumar 等在文献中研究了直觉模糊环境下基于熵权的综合模糊决策不同的新方法。

人体行走打滑,以及由打滑引起摔倒涉及的因素众多,包括步速、步长、加速度、鞋底花纹和地板纹理、上下坡等,这些因素既有随机性,又包括模糊性及不确定性,因此判断步进滑摔的关键就在于如何融合不确定性并综合处理各种影响因素,从而科学准确地判断出主要影响因素。判断多因素影响滑摔问题在信息学领域是多准则优化问题,是确定满足既定准则的最优可行解的过程。现实世界中的问题往往具有许多相称和冲突的属性,选择同时满足所有属性的解几乎是不可能的。因此,解决方案是反映决策者偏好的一组非劣解或折中解。因为每个因素影响多因素决策问题有其自身的重要性即权重,鉴于此,准确地评估每种因素的影响大小是非常重要的。不恰当的因素权重分配可能导致选择出的最佳结果是错误的。

　　利用各种影响滑摔因素综合判断步进滑摔,首先要确定出各影响滑摔因素的权重。这些影响因素都是生活中行走时的常态因素,因此这些影响步进滑摔的因素权重也称为生活因子。

　　国内外研究者提出了许多方法来确定属性权重。一般将其分为主观权重和客观权重两类。主观权重由专家根据自己的经验和直觉进行分配。德尔菲法、层次分析法、加权最小二乘法、专家经验估值法等都是这类方法的例子。但实际上,专家可能并不精通问题的所有方面或他/她在问题领域的专业知识可能有限,或者由于时间不足,可能无法证明所涉及的所有属性是正确的。在这种情况下,当不可能有可靠的属性权重时,使用目标属性权重变得非常必要了。通过求解数学模型确定目标属性权重。多目标规划、主元分析和熵方法都属于这一类。其中,熵权法是确定属性权重最可靠的方法之一,得到广泛应用。

　　一般计算权值的方法,如文献提到的德尔菲法、专家经验估值法、熵值权重法、聚类分析法等。德尔菲法、专家经验估值法过于依赖专家意志,专家主观因素影响较大。熵值权重法其权重计算主要依靠实验数据，其赋权结果可能与实际情况有出入。对于多因素影响的步进滑摔，文献对于步进滑摔的判断大多局限于单个因素的影响，显然这与实际情况不太一致。

理论上判断滑摔是根据实际摩擦系数是否大于静摩擦系数而定的，当实际摩擦系数大于静摩擦系数时将发生滑摔现象。为了获得人体步进滑摔与各种影响因素之间难以确定的复杂关系，准确判别步进滑摔的主要影响因素。基于模糊数学和信息熵理论，本书提出基于模糊信息熵融合生活因子的步进滑摔模糊判断方法。通过将滑摔因素熵因子与生活因子相融合，建立步进滑摔模糊判断的综合数学模型。利用六自由度试验平台测试得到各种影响因素下实际摩擦系数，将由试验数据确定的客观权重与生活常识确定的主观权重结合起来，综合考虑各因素的影响来确定因素权重，进而进行步进滑摔综合判断。根据多因素互相影响的关系，建立基于响应曲面法的步进滑摔预测模型，并分析加速度、步长、步速三种因素的影响程度。

7.1　步进滑摔影响因素熵权法建模分析

7.1.1　熵权法介绍

德国物理学家鲁道夫·克劳修斯提出熵时使用英文 Entropy，用式（7-1）表达：

$$E = \frac{Q}{T} \tag{7-1}$$

式中，Q 表示能量，T 表示温度，E 表示在不受外部因素干扰时系统的一种固有状态。熵概念传入中国时，考虑到 Entropy 是能量与温度的商，且都与火有关，便形象地翻译 Entropy 为"熵"。

对于一个封闭系统，如何确定其熵值，或者说如何确定哪些构成要素影响到系统的熵值。比如，一个小学生自习教室，自习时间越长，就会越来越吵、越来越乱（其熵值越来越大）。但是在这个混乱的教室中，如何确定哪个孩子对教室的混乱程度的贡献值呢？

1948 年，美国数学家香农 Claude E. Shannon 提出信息熵的概念，提供了解决信息化度量问题的有效方法。在信息学领域，离散随机事件的出现概率即为熵。一个离散随机系统其信息熵与系统混乱程度成正比，即系统越混乱，其信息熵值就越高。

对于一个可能取值为 $X=(x_1,x_2,\cdots,x_n)$ 离散因子 X，其概率分布为 $P=p_i(i=1,2,\cdots,n)$，则离散因子 X 的熵定义为：

$$H(X) = -\sum_x p(x)\lg p(x) \tag{7-2}$$

或者写为：

$$H(X) = \sum_x p(x)\lg \frac{1}{p(x)} \tag{7-3}$$

式（7-2）或者式（7-3）表示系统中一个因素的熵值。但是，由于在课题研究中，更多关心的是在地面不同运动条件、不同步进状态下，哪一种因素更容易引起滑摔，或者说哪一种因素更危险。因此需要研究多个因素共同作用下某一种因素的熵值。

对于两个离散因子 X、Y 的联合分布，即为两个因素的联合熵，用 $H(X,Y)$ 表示。在离散因子 X 发生的前提下，离散因子 Y 发生所新带来的熵定义为 Y 的条件熵，用 $H(Y|X)$ 表示，用来衡量在已知随机因子 X 的条件下随机因子 Y 的不确定性。显然这可以用类似于偏导的概念进行计算。

根据联合分布、边缘分布及条件概率等，可以推导出：

$$H(X,Y) - H(X)$$

$$= -\sum_{x,y} p(x,y)\lg p(x,y) + \sum_x p(x)\lg p(x)$$

$$= -\sum_{x,y} p(x,y)\lg p(x,y) + \sum_x \left(\sum_y p(x,y)\right)\lg p(x)$$

$$= -\sum_{x,y} p(x,y)\lg p(x,y) + \sum_{x,y} p(x,y)\lg p(x) \tag{7-4}$$

$$= -\sum_{x,y} p(x,y)\lg \frac{p(x,y)}{p(x)}$$

$$= -\sum_{x,y} p(x,y)\lg p(y|x)\frac{p(x,y)}{p(x)}$$

因此，两个随机因子条件下，有：

$$H(Y|X) = H(X,Y) - H(X) \tag{7-5}$$

推而广之，可以继续推广到多因素条件下熵的概念。假设 M 是具有 μ 测度、$\mu(M)=1$ 的勒贝格空间，且空间 M 中各集合 $A = \{A_i\}$ 互相独立，即：$M = \bigcup_{i=1}^n (A_i)$，且 $A_i \bigcap A_j, \forall i \neq j$，那么元素 A 的信息熵为：

$$S(A) = -\sum_{i=1}^n \mu(A_i)\lg_\mu(A_i) \tag{7-6}$$

式中 $\mu(A_i)$ 为集合 A_i 的测度 $i = 1,2,\cdots,n$。

如果用 p_i 表示单一因素处于某一步进状态下的概率，则各因素熵作为不确定性的度量可以表示为：

$$H(p_1,p_2,\cdots,p_n) = -k\sum_{i=1}^n p_i\lg_2 p_i \tag{7-7}$$

当熵满足式（7-8）时：

$$\begin{cases} H(p_1,p_2,\cdots p_n) = H\left(1/n, 1/n\cdots, 1/n\right) \\ H(p_1,p_2,\cdots p_n) = H(p_1,p_2,\cdots p_n, 0) \\ H(AB) = H(A) + H(B/A) \end{cases} \tag{7-8}$$

具有唯一的形式：

$$H(p_1, p_2, \cdots, p_n) = -\sum_{i=1}^{n} p_i \lg_2 p_i \qquad (7\text{-}9)$$

设 A 是一个非模糊判断矩阵，即：

$$A = \begin{pmatrix} a_{11} & a_{12} & \cdots & a_{1n} \\ a_{21} & a_{22} & \cdots & a_{2n} \\ \vdots & \vdots & \ddots & \vdots \\ a_{n1} & a_{n2} & \cdots & a_{nn} \end{pmatrix} \qquad (7\text{-}10)$$

求出矩阵行元素之和 $S_K(k=1,2,\cdots,n)$，则元素的概率可表示为 $f_{kj} = a_{kj}/s_k$。那么各元素的熵可表示为：

$$H_i = -\sum_{i=1}^{n} f_{ij} \lg_2 f_{ij} \qquad (7\text{-}11)$$

7.1.2 步进滑摔影响因素的熵权模型

前面章节已经分析，步进滑摔往往不是一个因素的引起的，一般是由多个因素联合引起的。具体哪种因素引起滑摔的可能性更大，很难明确判断出来。

根据空间熵的理论，步进滑摔不是只关心某一单个因素发生的不确定性，而是要考虑该步进状态下所有因素可能发生情况的平均不确定性。

在实际滑摔综合评价中，设各影响滑摔因素的摩擦系数矩阵为 R，某个因素影响的情况是不确定的，衡量其不确定性可以用其出现的概率来度量。概率大，出现机会多，不确定性小；反之不确定性就大。因此，可利用因素熵计算各因素权重，即因素 u_i 的相对重要性可由式（7-12）表达：

$$H_i = -\sum_{j=1}^{m} p_{ij} \ln p_{ij} \qquad (7\text{-}12)$$

根据步进状态各因素不确定性平均原则，式（7-12）中 $p_{ij}(j=1,2,\cdots,m)$

每个元素的概率接近，熵值就大。如果 p_{ij} 全部相同，熵取最大值 $H_{\max} = \ln m$，用 $H_{\max}$ 对式（7-12）进行数据归一化：

$$e_i = -\frac{1}{\ln m} \sum_{j=1}^{m} p_{ij} \ln p_{ij} \tag{7-13}$$

显然当 $p_{ij}(j=1,2,\cdots,m)$ 相同，e_i 达到最大值 1。所以步进过程中，各影响因素 u_i 的权值 ϕ_i 可用式（7-14）表达：

$$\phi_i = \frac{1}{n - \sum\limits_{i=1}^{n} e_i}(1 - e_i) \tag{7-14}$$

7.2　影响滑摔因素熵因子和生活经验的综合判断方法

根据人体步进时发生打滑的基本情况，各步进因素影响滑摔的综合权重 ω 可分为两部分：一是进行步进试验，根据试验数据挖掘客观权重 ϕ_{1i}；二是由专家根据生活经验给出主观权重 ϕ_{2i}。

$$\omega = (1-a)\phi_{1i} + a\phi_{2i} \tag{7-15}$$

式（7-15）中 a 即为生活经验系数，$0 \leqslant a \leqslant 1$，反映专家在考虑步进滑摔时各因素主观上的影响程度；a 的大小，实际上表明专家对试验数据的相信程度。

基于滑摔影响因素熵因子和生活经验的权重确定流程图如图 7-1 所示。综合判断各因素影响步进滑摔可按以下步骤进行。

第一，分析导致步进滑摔的各影响因素，建立影响因素集 U 和滑摔判断集 V。影响因素集是包括步速、步长、加速度、上下坡等影响滑摔因素的集合，评判集是是否产生滑摔结果的集合。本书分为安全，较安全，中，较危险，危险五种情况。

第二，根据步进实验数据，建立判断数据矩阵。对挑选的五个影响因素进行正交实验，每个影响因素分五档参数进行试验。从而获得所需摩擦系数矩阵，见式（7-16）。

$$RCOF = [RC_{ij}] \qquad (7\text{-}16)$$

式中，RC_{ij} 为第 i 个影响因素第 j 档参数试验获得的所需摩擦系数。

第三，对所需摩擦系数矩阵 $ROCF$ 标准化。根据一般标准化原则，数值越小影响越大的参数用式（7-17）标准化处理。

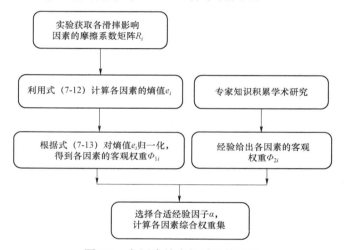

图 7-1　各因素综合权重计算流程

$$RS_{ij} = \frac{\max(RC_j) - RC_{ij}}{\max(RC_j) - \min(RC_j)} \qquad (7\text{-}17)$$

式中，RS_{ij} 为第 i 个影响因素中的第 j 档参数的取值，RC_j 为 $ROCF$ 数据矩阵中的试验参数项。

数值越大影响越大的参数用式（7-18）标准化处理：

$$RS_{ij} = \frac{RC_{ij} - \min(RC)}{\max(RC_j) - \min(RC_j)} \qquad (7\text{-}18)$$

本文中，$i = 1, 2, \cdots, 6$；$j = 1, 2, \cdots, 5$。经过标准化处理后得标准化矩阵：

$$RS = (rS_{ij})6 \times 5 \qquad (7\text{-}19)$$

第四，计算每水平参数的概率比值：

$$p_{ij} = \frac{rs_{ij}}{\sum\limits_{i=1}^{5} rs_{ij}} \qquad (7\text{-}20)$$

显然，这里 $0 \leqslant p_{ij} \leqslant 1$ 。

第五，将式（7-20）代入式（7-12），经式（7-13）、式（7-14）整理可计算出步进滑摔各影响因素的客观权重 ϕ_{1i}。

第六，利用本书提出的滑摔影响因素熵因子 ϕ_{1i} 和生活经验的权重 ϕ_{2i} 综合计算方法，确定各影响因素权重集 W，与判断矩阵进行模糊合成运算。

$$B = W \circ R \qquad (7\text{-}21)$$

式中 "。" 为模糊合成算子。可以根据模糊运算结果 B 判断步进滑摔的可能性。

7.3 步进滑摔模糊判断计算与分析

表 7-1 为不同步速、步长、不同坡度角、不同水平加速度下人体行走时脚底所需摩擦系数峰值。根据水平静止时的试验结果，起动期所需摩擦系数峰值大于制动期，因此表中数据选择制动期的所需摩擦系数峰值 $RCOF_2$。而下坡时，由于制动期摩擦系数大于起动期，更易于滑摔，因此采用制动期所需摩擦系数峰值 $RCOF_1$ 进行分析。

根据试验参数构建步进打滑影响因素集 U =（步速，步长，加速度，上坡，下坡，年龄），滑摔可能性评判集设为 5 级，V =（安全，较安全，中，较危险，危险）。按照各影响因素不同参量下所需摩擦系数原始数据构建矩阵如式（7-22）所示。

$$RCOF = \begin{bmatrix} 0.361 & 0.281 & 0.347 & 0.402 & 0.300\,2 & 0.395 \\ 0.348 & 0.289 & 0.381 & 0.457 & 0.352\,6 & 0.365 \\ 0.32 & 0.301 & 0.413 & 0.482 & 0.405 & 0.361 \\ 0.314 & 0.32 & 0.446 & 0.509 & 0.448 & 0.355 \\ 0.305 & 0.341 & 0.48 & 0.516 & 0.477\,1 & 0.321 \end{bmatrix}$$

（7-22）

所需摩擦系数越大越接近临界摩擦系数，该运动状态越危险，因此，所需摩擦系数越小该运动状态越安全。据此对式（7-22）进行标准化处理得式（7-23）。

$$RCOF_s = \begin{bmatrix} 0.0 & 1 & 1 & 1 & 1 & 0.0 \\ 0.232\,1 & 0.866\,7 & 0.744\,4 & 0.517\,5 & 0.703\,8 & 0.405\,4 \\ 0.732\,1 & 0.666\,7 & 0.503\,8 & 0.298\,2 & 0.407\,6 & 0.459\,5 \\ 0.839\,3 & 0.35 & 0.255\,6 & 0.061\,4 & 0.164\,5 & 0.540\,5 \\ 1 & 0.0 & 0.0 & 0.0 & 0.0 & 1 \end{bmatrix}$$

（7-23）

表 7-1　各影响滑摔因素不同水平下摩擦系数测试结果

影响因素	水平 1	水平 2	水平 3	水平 4	水平 5
步速/（m/s）	0.7	0.9	1.1	1.3	1.5
$RCOF_2$	0.361	0.348	0.32	0.314	0.305
步长/m	0.4	0.5	0.6	0.7	0.8
$RCOF_2$	0.281	0.289	0.301	0.32	0.341
加速度/（m/s²）	0.2	0.4	0.6	0.8	1
$RCOF_2$	0.347	0.381	0.413	0.446	0.48
上坡角度/（°）	3	6	9	12	15
$RCOF_2$	0.402	0.457	0.482	0.509	0.516
下坡角度/（°）	3	6	9	12	15
$RCOF_1$	0.300 2	0.352 6	0.405	0.448	0.477 1
年龄/岁	10	21	42	51	62
$RCOF_2$	0.395	0.365	0.361	0.355	0.321

根据标准化矩阵可求解特征比重矩阵式（7-24）：

$$RCOF_p = \begin{bmatrix} 0.0 & 0.346\,8 & 0.399\,4 & 0.532\,7 & 0.439\,4 & 0.0 \\ 0.082\,8 & 0.300\,6 & 0.297\,3 & 0.275\,7 & 0.309\,2 & 0.168\,5 \\ 0.261\,1 & 0.231\,2 & 0.201\,2 & 0.158\,9 & 0.179\,1 & 0.191 \\ 0.299\,4 & 0.121\,4 & 0.102\,1 & 0.032\,7 & 0.072\,3 & 0.224\,7 \\ 0.356\,7 & 0.0 & 0.0 & 0.0 & 0.0 & 0.415\,7 \end{bmatrix}$$

$$（7\text{-}24）$$

由此可计算出各影响因素的信息熵为：

$$RCOF_E = (0.954\,5 \quad 0.927\,4 \quad 0.925\,3 \quad 0.789\,8 \quad 0.881\,6 \quad 0.949\,7)$$

$$（7\text{-}25）$$

则各影响因素的客观权重为：

$$\Phi_1 = (0.079\,7 \quad 0.127 \quad 0.130\,6 \quad 0.367\,8 \quad 0.207\,1 \quad 0.087\,9)$$

$$（7\text{-}26）$$

设定 $a = 0.2$，专家主观权重为：

$$\Phi_2 = (0.15 \quad 0.1 \quad 0.2 \quad 0.25 \quad 0.2 \quad 0.1)$$

$$（7\text{-}27）$$

据此可得到综合权重集：

$$W = (0.131\,6 \quad 0.083\,8 \quad 0.144\,5 \quad 0.344\,2 \quad 0.205\,7 \quad 0.090\,3)$$

$$（7\text{-}28）$$

依据实验数据和生活经验，对影响滑摔各因素的影响程度做出评价，得到评判矩阵如下：

$$R = \begin{bmatrix} 0.15 & 0.25 & 0.35 & 0.15 & 0.1 \\ 0.1 & 0.15 & 0.3 & 0.25 & 0.2 \\ 0.1 & 0.15 & 0.2 & 0.3 & 0.25 \\ 0.1 & 0.15 & 0.2 & 0.3 & 0.25 \\ 0.1 & 0.15 & 0.2 & 0.3 & 0.25 \\ 0.15 & 0.25 & 0.35 & 0.15 & 0.1 \end{bmatrix} \qquad （7\text{-}29）$$

依据模糊合成运算 $B = W \circ R$，得到：

$$B = (0.131\,6 \quad 0.15 \quad 0.2 \quad 0.3 \quad 0.25) \qquad （7\text{-}30）$$

从各影响因素的信息熵和客观权重可以看出，一般在步进过程中，上下坡度、地面加速度对滑摔的影响较为显著，步长、步速和年龄对滑摔的影响较小。依据最大隶属度准则，从模糊合成运算结果可以看出，该组综合测试参数同时测试时，步进过程还是比较危险的。

前面章节分析了单因素实验条件下，各因素对步进滑摔的影响机制。并利用熵权综合分析法得到，上下坡度、地面加速度对滑摔的影响较为显著。为了避免多因素综合影响下的滑摔，继续研究多因素综合影响下的滑摔预测模型以及主要影响因素加速度的影响规律具有现实的指导意义。

7.4　基于响应曲面法的步进滑摔预测建模及分析

7.4.1　多因素响应曲面模型

为了对随若干个变量变化而变化的响应进行优化，所采取的建模及分析方法即为响应曲面法（RSM）。通俗来说，若把这若干个变量当作输入因素，响应当作输出因素，则响应曲面法就是寻找输入与输出因素之间关系的一种数学分析方法，其中先后涉及建模分析、试验统计、数据处理等步骤。通常输入因素与输出因素间的关系是未知的，二者的关系可用一定的函数关系来定义，而式（7-31）的函数关系所描述的曲面即为响应曲面。

$$y = f(x_1, x_2, \cdots, x_k) + \varepsilon \qquad (7-31)$$

式中，y 为输出因素，$x_1, x_2, \cdots, x_k$ 为输入因素，f 为响应函数，ε 为随机误差。

输入因素和输出因素间的函数关系分为线性和非线性两种，分别对应一阶模型和二阶模型。通常所遇问题大都为非线性函数问题，其所对应的二阶模型如下：

$$y = \beta_0 + \sum_{i=1}^{k} \beta_i x_i + \sum_{i<j}^{k} \beta_{ij} x_i x_j + \sum_{i=1}^{k} \beta_{ii} x_i^2 + \varepsilon \qquad （7-32）$$

式中，β_i 为 x_i 的线性系数；β_{ij} 为 x_i 和 x_j 间的交互系数；β_{ii} 为 x_i 的二次系数。

7.4.2　多因素综合状态下对步进滑摔影响分析

为了进一步获得各影响因素与滑摔可能性间的函数关系，本节基于响应曲面法对其进行研究分析。考虑到几个因素的相关性，本书选用加速度、步长、步速三个参数研究其对滑摔的影响。采用三因素五水平正交试验 L25（5^3）法，最终测得正交试验结果如表 7-2 所示。

根据设计的步进正交试验获得了相关的试验数据后，采用极差分析法对正交试验数据进行分析。极差分析法简称 R 法，以直观简单为特点，通过计算平均值 $\overline{K_{jm}}$、极差 R_j，可以得到因素主次、优水平、最优组合等，是一种常用的试验数据统计分析方法。$\overline{K_{jm}}$ 为第 j 列因素 m 水平所对应的摩擦系数的综合平均值，通过 $\overline{K_{jm}}$ 可以判断 j 因素的优水平和各因素的最优组合。由表 7-3 可知，每一个因素下相应的 $\overline{K_{jm}}$ 都互不相等，因此，表明这些因素的水平变化都将对摩擦系数产生影响。$\overline{K_{jm}}$ 反映了对摩擦系数值的影响大小，由于其值越小越好，因此各个因素下 $\overline{K_{jm}}$ 的最小值为此因素的优水平，从而 3 个因素的优水平组合即为本试验的最优水平组合，即加速度为 0.1 m/s²，步长为 0.4 m，步速为 0.9 m/s。

表 7-3 中 R_j 为第 j 列因素各水平下所对应摩擦系数的极差值，其反映了各因素对摩擦系数的影响程度，R_j 越大，所对应的因素也就越重要。因此根据表 7-3 中极差 R_j 大小，可以得出各步进因素对摩擦系数的影响

由大到小顺序为：加速度＞步长＞步速。按照各因素极差值把各个影响因素对摩擦系数的影响程度归一化，则加速度、步长及步速的影响程度分别为68.3%，21.8%和9.9%。

表7-2　正交试验结果

序号	A 加速度/（m/s²）	B 步长/m	C 步速/（m/s）	D 摩擦系数
1	0.1	0.4	0.7	0.212 0
2	0.1	0.5	0.9	0.215 0
3	0.1	0.6	1.1	0.232 0
4	0.1	0.7	1.3	0.261 0
5	0.1	0.8	1.5	0.300 0
6	0.2	0.4	0.9	0.335 0
7	0.2	0.5	1.1	0.339 1
8	0.2	0.6	1.3	0.345 9
9	0.2	0.7	1.5	0.368 2
10	0.2	0.8	0.7	0.363 8
11	0.4	0.4	1.1	0.386 8
12	0.4	0.5	1.3	0.327 3
13	0.4	0.6	1.5	0.352 0
14	0.4	0.7	0.7	0.347 7
15	0.4	0.8	0.9	0.358 5
16	0.6	0.4	1.3	0.347 5
17	0.6	0.5	1.5	0.362 9
18	0.6	0.6	0.7	0.371 9
19	0.6	0.7	0.9	0.407 1
20	0.6	0.8	1.1	0.417 7
21	0.8	0.4	1.5	0.368 2
22	0.8	0.5	0.7	0.393 3
23	0.8	0.6	0.9	0.442 3
24	0.8	0.7	1.1	0.446 5
25	0.8	0.8	1.3	0.492 6

表 7-3　正交试验极差分析

	$\overline{K_{jm}}$		
	A 加速度/（m/s²）	B 步长/m	C 步速/（m/s）
K_{j1}	1.22	1.649 5	1.751 1
K_{j2}	1.752	1.757 9	1.688 7
K_{j3}	1.772 3	1.744 1	1.822 1
K_{j4}	1.907 1	1.830 5	1.774 3
K_{j5}	2.142 9	1.932 6	1.751 3
R_j	0.922 9	0.295	0.133 4
R_j 百分比	68.3	21.8	9.9

7.4.3　步进滑摔预测模型及其分析

为了获得各步进参数与摩擦系数间的数学模型,把地面加速度表示为 A,步长表示为 B,步速表示为 C,代表式（7-32）中三个输入因素。摩擦系数表示为 D,代表式（7-32）中的输出因素,对表 7-3 中已获得的 25 组试验数据按照式（7-32）进行拟合,获得了该组试验环境下的步进滑摔数学模型,如式（7-33）所示：

$$D = 0.340\ 1 + 0.381\ 8A - 0.654\ 9B$$
$$+ 0.104\ 7C + 0.142\ 0AB - 0.091\ 2AC + 0.156\ 4BC \quad (7\text{-}33)$$
$$- 0.209\ 8A^2 + 0.479\ 5B^2 - 0.070\ 4C^2$$

由于整个模型的误差概率 $P < 0.000\ 1 \ll 0.05$,复相关系数 $R^2 = 0.959\ 6$,表明所建立的步进滑摔数学模型较为准确,是可信的,具有统计学意义。

根据步进滑摔数学模型可以得到两两因素结合对步进摩擦系数的响应曲面如图 7-2 所示。其中两两因素结合,另一固定因素的水平值分别为最优水平值,即加速度为 0.1 m/s²,步长 0.4 m,步速 0.9 m/s。

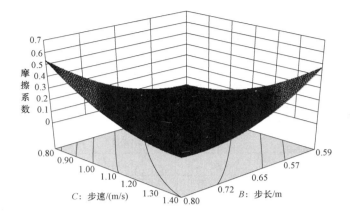

(a) 步速和步长的影响

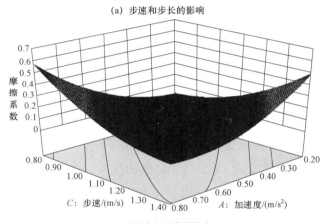

(b) 步速和加速度的影响

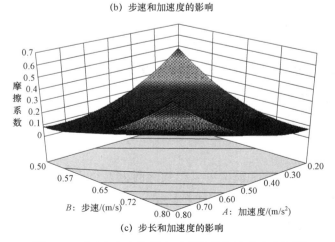

(c) 步长和加速度的影响

图 7-2　不同步态参数组合对摩擦系数的响应曲面图

图 7-2（a）为加速度为 0.1 m/s² 时，步长和步速对步进摩擦系数的三维响应曲面。图 7-2（b）为步长为 0.4 m 时，加速度和步速对步进摩擦系数的三维响应曲面。图 7-2（c）为步速为 0.9 m/s 时，加速度和步长对步进摩擦系数的三维响应曲面。从图 7-2 中可知，步进摩擦系数随着地面加速度、步长的增加而增加，而随着步速的增加而减小。影响最大的因素是加速度，而步速所产生的影响最不显著。

7.5　地面加速度变化对步进滑摔的影响分析

根据 7.3 节和 7.4 节的分析，引起步进滑摔的各种因素中，地面加速度的影响程度是最显著的。

为了分析加速度变化对步进滑摔的影响程度，在固定其他两个因素的优水平，即步长 0.4 m，步速 0.9 m/s 条件下，改变地面加速度从 0.1 m/s² 增加到 0.2 m/s²、0.4 m/s²、0.6 m/s²、0.8 m/s²，进行五组摩擦系数试验。根据步进滑摔的预测模型式（7-33），计算可得到五组条件的下的摩擦系数预测值，根据试验值、预测值与临界摩擦系数比较，可得到地面加速度在五种不同水平下的实际危险系数和预测危险系数。如表 7-4 所示。

表 7-4　不同加速度下的摩擦系数实测值与预测值

序号	加速度/（m/s²）	所需摩擦系数实测值	所需摩擦系数预测值	实测危险系数/%	预测危险系数/%
1	0.1	0.212 4	0.266 2	40.85	51.19
2	0.2	0.298	0.298 3	57.31	57.37
3	0.4	0.346 3	0.349 9	66.6	67.29
4	0.6	0.382 2	0.384 7	73.5	73.98
5	0.8	0.442 1	0.452 7	85.02	87.06

从表 7-4 中数据可以看出，随着地面加速度的增加，滑摔危险随之增大，当加速度从 0.1 m/s² 增加到 0.8 m/s² 时，滑摔危险系数从 51.19% 上升到 87.06%，预测值与试验值的变化趋势基本一致，因此运用本模型对不同因素下的滑摔风险进行预测，其结果是可靠的。

上述分析是基于其他两个因素为优水平状态下的数据，如果考虑到另两个因素的其他水平下的综合影响，地面加速度在 0.8 m/s² 时危险系数还要更高，滑摔可能性将大大增加。地面加速度对步进滑摔的影响趋势如图 7-3 所示，在地面加速度从 0.6 m/s² 增加到 0.8 m/s² 时，曲线急剧增加。说明当地面加速度增加到一定程度时，滑摔危险会陡然增加。

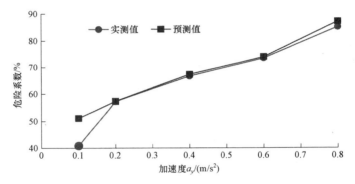

图 7-3　地面加速度对步进滑摔的影响趋势

7.6　本章小结

（1）人体行走滑摔判断，由于涉及因素较多，滑摔状态是各因素综合影响的结果，存在很大的不确定性。本书根据模糊数学和信息熵理论，提出一种基于熵因子和生活经验因子的模糊综合滑摔判断方法。通过将滑摔因素熵因子与生活因子相融合，建立步进滑摔模糊判断的综合数学模型。利用六自由度试验平台测试得到各种影响因素下的实际所需摩擦系数，将由试验数据确定的客观权重与生活经验确定的主观权重结合起来,最大程度地保留和反映了生活实际,但又不失试验数据的真实性。

（2）根据多因素互相影响的关系,建立了基于响应曲面法的步进滑摔预测模型,并分析了加速度、步长、步速三种因素的影响程度,其中地面加速度影响最为显著,步长次之,步速影响最小。并进一步分析了随着地面加速度的增加,滑摔危险系数增长速度。

第 8 章　结论与展望

本书采用六自由度步进摩擦试验平台，对人体在不同外界环境扰动下进行了行走测试，根据测得的脚底三维接触力，计算出脚底摩擦系数。分析了外界影响因素对重心惯性力的影响，并进一步探讨了外界环境干扰对人体脚底接触力及人体滑摔机制的影响。同时建立了滑摔模糊判断及滑摔预测模型，并根据试验结果对不同条件下行走时的滑摔风险及滑摔概率进行判定和预测。

8.1　主要结论

（1）根据人体行走过程中的物理模型，分析了在不同干扰条件下人体的受力及滑摔机制。研究结果表明，外界环境可改变人体重心惯性力，重心惯性力的改变破坏了身体原有的动态平衡状态，即力和力矩的平衡。此时人体通过调整脚底接触力及身体姿势以降低重心高度等措施，使身体重新满足动态平衡条件，避免滑摔。外界环境的影响通过两种方式使人体滑摔风险升高，一是通过增大行走方向上的重心惯性力使脚底前后向接触力增大，二是改变与行走地面垂直的重心惯性力使脚底支撑力减小。

（2）上、下坡行走时，随坡度增大，前后脚中总有一只脚的前后向接触力随坡度角的增大而增大，而脚底支撑力随坡度角的增大而减小，因此随坡度角升高，脚底所需摩擦系数增大，人体滑摔风险升高；在水平外力作用下,水平外力与重心水平惯性力的正向叠加使得脚底前后向接触力增大而脚底支撑力不变,因此所需摩擦系数增大,人体滑摔风险升高;在垂直外力作用下行走时,重心水平方向惯性力及脚底前后向接触力保持不变,当垂向外力与重心垂向惯性力正向叠加且与重力方向相反而减小了脚底支撑力时,行走时脚底所需摩擦系数增大,人体滑摔风险升高。

(3)外界环境干扰将会使人体行走时的步态特征发生变化。上下坡行走及水平外力作用下行走时,步态的制动期及起动期时间分配比例随地面坡度及水平外力的变化而改变。

(4)不同外界环境干扰下行走时,人体自身脚底产生的摩擦力及脚底与地面之间的摩擦系数均保持在一个相对稳定的数值。

(5)根据模糊数学和信息熵理论,提出一种基于熵因子和生活经验因子的模糊综合滑摔判断方法。通过将滑摔因素熵因子与生活因子相融合,建立了步进滑摔模糊判断的综合数学模型,将由试验数据确定的客观权重与生活经验确定的主观权重结合起来以判定各影响因素对滑摔的影响。分析结果表明,上下坡度、地面加速度对滑摔的影响较为显著,步长、步速和年龄对滑摔的影响较小。根据多因素互相影响的关系,建立了基于响应曲面法的步进滑摔预测模型。在加速度、步长、步速三种因素中地面加速度影响最为显著,步速影响最小。随着地面加速度的增加,滑摔危险系数快速增大。

(6)本书基于模糊数学和信息熵理论,建立了步进滑摔模糊判断的综合数学模型以判断多种单因素如步速、步长、地面水平加速度、上下坡角度、年龄对滑摔风险的影响。基于响应曲面法,建立了步进滑摔预测模型以判断多因素共同作用下各因素分别对滑摔风险的影响权重。模糊判断结果表明,在诸多单因素中,地面坡度角及运动加速度对人体滑摔影响较大。滑摔预测模型分析结果可知,在地面水平加速度、步长、步速三因素共同作用下行走时,水平加速度对人体滑摔影响最为显著,步速影响最小。

8.2　本书创新点

（1）研究了外界环境扰动对人体受力及滑摔机制的影响，提出行走时脚底临界摩擦系数与所需摩擦系数的差值 $\Delta COF = CCOF - RCOF$ 可作为人体行走过程中的滑摔风险判据，ΔCOF 越大，人体滑摔风险越低；ΔCOF 越小，滑摔风险越高。

（2）根据模糊数学和信息熵理论，通过将滑摔因素熵因子与生活因子相融合，建立了步进滑摔模糊判断的综合数学模型，提出一种基于熵因子和生活经验因子的模糊综合滑摔判断方法。根据多因素互相影响的关系，建立了基于响应曲面法的步进滑摔预测模型。

（3. 研究发现，在不同力环境条件下，人体脚底产生的主动摩擦力，以及脚底与地面之间的摩擦系数均保持相对稳定。

8.3　展　望

本书研究了水平力场及垂直力场分别与重力场耦合作用下人体行走时的受力、滑摔倾向及滑摔机制，从理论上综合分析了不同因素在滑摔过程中的影响权重，在后期工作中以下几方面还需进一步研究。

（1）人体在行走过程中，除下肢外，往往通过摆动双臂、改变躯体姿势等动作来调整重心作用线，使之保持在支撑面之内以维持身体平衡。为简化问题，对此未予考虑，在后期工作中，可通过三维运动捕捉系统采集肢体的运动状态，综合分析人体滑摔机制。

（2）本书试验所采集到的脚底三维接触力均为某一时刻的平均力，实际行走过程中,整个脚掌的不同部位接触力的大小分布是不一样的,后期研究可以测试出不同行走条件下整个脚底接触面的接触压力,根据脚底压力分布的变化判断滑摔倾向。

（3）本书分析了单因素扰动条件对人体滑摔机制的影响,而多因素综合扰动条件对人体滑摔机制的影响更为复杂,后期工作需进一步研究。

参考文献

［1］ Caban M A J，Courtney T K，Chang Wen-Ruey，et al. Leisure-Time Physical Activity，Falls，and Fall Injuries in Middle-Aged Adults ［J］. American Journal of Preventive Medicine，2015，49（6）：888-901.

［2］ Swedler D I，Verma S K，Huang Y H，et al. A structural equation modelling approach examining the pathways between safety climate，behaviour performance and workplace slipping ［J］. Occupational and Environmental Medicine，2015，72（7）：476-481.

［3］ Courtney T K，Sorock G S，Manning D P，et al. Occupational slip，trip，and fall-related injuries-can the contribution of slipperiness be isolated ［J］. Ergonomics，2001，44：1118-1137.

［4］ Courtney T K，Huang Y H，Verma S K，et al. Factors influencing restaurant worker perception of floor slipperiness ［J］. Journal of Occupational and Environmental Hygiene，2006，3（11）：592-598.

［5］ Zaloshnja E，Miller T R，Lawrence Bruce A，et al. The costs of unintentional home injuries ［J］. American Journal of Preventive Pedicine，2005，28（1）：88-94.

［6］ Fridman L，Fraser T J，Pike I，et al. An interprovincial comparison of unintentional childhood injury rates in Canada for the period 2006-2012 ［J］. Canadian Pournal of Public Pealth，2018，109（4）：573-580.

［7］ Shi X Q，Wheeler K K，Shi J X，et al. Increased risk of unintentional injuries in adults with disabilities: a systematic review and meta-analysis

［J］. Disability and Health Journal，2015，8（2）：153-164.

［8］ Kristina K，Lotta L. lips，trips and falls in different work groups with reference to age［J］. Safety Science，1998，28（1）：59-75.

［9］ Japanese Ministry of Health，Labour and Welfare. Vital statistics of Japan［R］. Health & Welfare Statistics Association，2006，1.

［10］ Yoko S，Humihiro H，Tetsuo A. Pedestrians Slip and fall accidents in the context of human error：Causes and Countermeasures［J］. Journal of Snow Engineering of Japan，2005，21（2）：121-124.

［11］ 邓琦，徐金文，高新华，等. 舰船甲板防滑涂料技术现状及发展趋势［J］. 中国舰船研究，2013，8（02）：111-116.

［12］ 张晓，陈爱玲. 船员劳动工伤伤害主因及基于管理的防范性措施研究［J］. 中国安全生产科学技术，2011，07：175-178.

［13］ Parrish D K，Olsen C H，Thomas R J. Aircraft carrier personnel mishap and injury rates deployment［J］. Milit Med，2005，5：387-395.

［14］ United States Department of Labor. Bureau of Labor Statistics［R］，1998.

［15］ Yang F，Anderson F C，Pai Y C. Predicted threshold against backward balance loss in gait［J］. Journal of Biomechanics，2007，40（4）：804-811.

［16］ Lesch M F，Chang W R，Chang C C. Visually based perceptions of slipperiness：underlying cues，consistency and relationship to coefficient of friction［J］. Ergonomics，2008，51（12）：1973-1983.

［17］ Grönqvist R，Chang W R，Courtney T K，et al. Measurement of slipperiness：fundamental concepts and definitions［J］. Ergonomics. 2001，44（13）：1102-1117.

［18］ Karen B. Trips，slips，and falls ［J］. Truck News，2019，39（2）: 206-212.

［19］ Simpson K J，Jiang P. Foot landing position during gait influences ground reaction forces ［J］. Clinical Biomech，1999，14（6）: 396- 402.

［20］ White R，Agouris I，Fletcher E. Harmonic analysis of force platform data in normal and cerebral palsy gait ［J］. Clinical Biomech，2005， 20（5）: 508-516.

［21］ Zhang S N，Clowers K G，Powell D. Ground reaction force and 3D biomechanical characteristics of walking in short-leg walkers ［J］. Gait Posture，2006，24（4）: 487-492.

［22］ Yamaguchi T，Yano M，Onodera H，et al. Kinematics of center of mass and center of pressure predict friction requirement at shoe-floor interface during walking ［J］. Gait Posture，2013，38（2）: 209-214.

［23］ Cédric M，Aurore B，Lise S，et al. Perceiving slipperiness and grip: A meaningful relationship of the shoe-ground interface ［J］. Gait & Posture，2017，51: 58-63.

［24］ Wen R C，Simon M，Chen C C. The available coefficient of friction associated with different slip probabilities for level straight walking ［J］. Safety Science，2013，58: 49-52.

［25］ Anderson D E，Franck C T，Madigan M L. Age differences in the required coefficient of friction during level walking do not exist when experimentally-controlling speed and step length［J］ Journal of Applied Biomechanics，2014，30（4）: 542-546.

［26］ Yamaguchi T，Masani K. Effects of age-related changes in step length and step width on the required coefficient of friction during straight walking [J]. Gait & Posture，2019，69：195-201.

[27] Zhang Y Z，Jia L X，Niu Y P，et al. Stepping behaviors based on tribological and dynamical investigations [J]. Wear，2013，306（1-2）：219-225.

[28] Buczek F L，Cavanagh P R，Kulakowski B T，et al. Slip resistance needs of the mobility disabled during level and grade walking [J]. American Society for Testing and Materials，1990：39-54.

[29] Hanson J P，Redfern M S，Mazumdar M. Predicting slips and falls considering required and available friction [J]. Ergonomics，1999，42（12）：1619-1633.

[30] Perkins P J，Wilson M P. Slip resistance testing of shoes-new developments [J]. Ergonomics，1983，26（1）：73-82.

[31] 中华人民共和国国家质量监督检验检疫总局. 体育场所开放条件与技术要求　第1部分：游泳场所：GB 19079.1—2003 [S]. 2003-04-21.

[32] 国防科学技术委员会. 舰船直升机舰面系统规范：GJB 534-88 [S]. 1988-06-22.

[33] 洪伟宏.国外航母甲板防滑涂料技术现状及发展趋势 [J]. 舰船科学技术，2015，37（12）：166-169.

[34] 邓琦，徐金文，高新华，等. 舰船甲板防滑涂料技术现状及发展趋势 [J]. 中国舰船研究，2013，8（02）：111-116.

[35] 王晓敏，周敏. 步态分析在临床疾病中的应用 [J]. 湖北中医杂志，2015，37（08）：66-68.

[36] 郑秀媛. 现代运动生物力学 [M]. 北京：国防工业出版社，2002. 49-55.

［37］姜淑云. 步态分析-正常和病理功能［M］. 上海：上海科学技术出版社，2017. 25-35.

［38］Chang W R，Xu X. Identification of heel strike under a slippery condition［J］. Applied Ergonomics，2018，66：32-40.

［39］Lockhart T E，Woldstad J C，Smith J L，et al. Effects of age related sensory degradation on perception of floor slipperiness and associated slip parameters［J］. Safety Science，2002，40（7/8）：689-703.

［40］Li K W，Zhao C J，Peng L，et al. Subjective assessments of floor slipperiness before and after walk under two lighting conditions［J］. International journal of occupational safety and ergonomics：JOSE，2018，24（2）：294-302.

［41］Yu R F，Li K W. Perceived floor slipperiness and floor roughness in a gait experiment［J］. Work，2015，50（4）：649-657.

［42］Wen R C，Mary F L，Chang C C，et al. Contribution of gait parameters and available coefficient of friction to perceptions of slipperiness［J］. Simon Matz，2015，41（1）：288-290.

［43］Li K W，Chang W R，Tom B L，et al. Floor slipperiness measurement：friction coefficient，roughness of floors and subjective perception under spillage conditions［J］. International journal of occupational safety and ergonomics，2004，42（6）：547-565.

［44］Chang W R，Li K W，Huang Y H，et al. Assessing floor slipperiness in fast-food restaurants in Taiwan using objective and subjective measures［J］. Applied ergonomics. 2004，35（4）：401-408.

［45］Kathryn A C，Peter R C. Ground reaction forces and frictional demands during stair descent：effects of age and illumination［J］. Gait &

Posture，2002，15（2）：343-355.

［46］ Takeshi Y，Kazuo H. Experimental Analysis of Slip Potential in Normal-Style Walking and Nanba-Style Walking［J］. Journal of Biomechanical Science and Engineering，2009，4（3）：468-479.

［47］ Takeshi Y，Shintaro H，Kazuo H. Effect of step length and walking speed on traction coefficient and slip between shoe sole and walkway ［J］. 2008，3（2）：59-64.

［48］ Glaister B C，Orendurff M S，Schoen J A，et al. Ground reaction forces and impulses during a transient turning maneuver［J］. Journal of biomechanics，2008，41（14）：3090-3093.

［49］ Ayzin R R M，Wolosker N，Muraco N B，et al. Ground reaction force pattern in limbs with intermittent claudication［J］. European Journal of Vascular and Endovascular Surgery：the Official Journal of the European Society for Vascular Surgery，2000，20（3）：254-259.

［50］ Startzell J K，Owens D A，Mulfinger LM，et al. Stair negotiation in older people: a review［J］. Journal of the American Geriatrics Society，2000，48（5）：567-580.

［51］ Svanstrom L. Falls on stairs：an epidemiological accident study［J］. Scandinavian journal of social medicine，1974，2（3）：113-120.

［52］ Cohen H H，Templer J，Archea J. An analysis of occupational stair accident patterns［J］. Pergamon，1985，16（4）：178-181.

［53］ Zhang C，Sun W，Song Q P，et al. Performance of older adults under dual task during stair descent［J］. Journal of exercise science and fitness，2018，16（3）：99-105.

［54］ Zhang C，Song Q P，Sun W. et al. Dynamic stability of older adults under dual task paradigm during stair descent [J]. Motor control, 2019: 1-14.

[55] Rebecca F, Timothy D, Nathaniel S, et al. Relationship between increases in vest-borne loads and increases in tibial loads: Potential impact on stress fracture risk [J]. Journal of Science and Medicine in Sport, 2017, 20: 110-122.

[56] Giovanna C L, Paula R M S S, Ana C F G, et al. Male subjects with early-stage knee osteoarthritis do not present biomechanical alterations in the sagittal plane during stair descent [J]. The Knee, 2012, 19 (4): 387-391.

[57] Mahmoudian A, Baert I, Jonkers I, et al. Kinetic and kinematic characteristics of stair negotiation in patients with medial knee osteoarthritis [J]. Osteoarthritis and Cartilage, 2013, 21: S257-S257.

[58] Darmana R, Cahuzac J P, Hobatho M C. Ground reaction forces during walking in children with tibial torsion abnormalities [J]. Gait & Posture, 1997, 6 (3): 267-267.

[59] Juerg K, Simone E F, Hans P K, et al. Ground reaction forces under the great toe after implantation of the TOEFIT-PLUS prosthesis [J]. Foot and Ankle Surgery, 2005, 11 (3): 131-134.

[60] Walton E, Crossley K, Wrigley T. Ground reaction forces and tibial stress fracture in female athletes [J]. Journal of Science and Medicine in Sport, 2002, 5 (4): 133-133.

[61] Chang W R, Chang C C, Matz S, et al. A methodology to quantify the stochastic distribution of friction coefficient required for level walking [J]. Applied ergonomics, 2008, 39 (6): 776-771.

［62］Scuffham P，Chaplin S，Legood R. Incidence and costs of unintentional falls in older people in the United Kingdom ［J］. Journal of Epidemiology and Community Health，2003，57（9）：210-221.

［63］Miller T R，Romano E O，Spicer R S. The cost of childhood unintentional injuries and the value of prevention ［J］. The Future of children，2000，10（1）：137-163.

［64］Keall M D，Guria J，Howden C P，et al. Estimation of the social costs of home injury：a comparison with estimates for road injury ［J］. Accident analysis and prevention，2011，43（3）：998-1002.

［65］Sparto P J，Fuhrman S I，Redfern M S，et al. Erratum to：postural adjustment errors during lateral step initiation in older and younger adults ［J］. Experimental brain research，2015，233（4）：135.

［66］Cham R，Redfern M S. Changes in gait when anticipating slippery floors ［J］. Gait & Posture，2002，15（2）：159-171.

［67］Wu X F，Lockhart T E，Yeoh H T. Effects of obesity on slip-induced fall risks among young male adults［J］Journal of Biomechanics，2012，45（6）：1042-1047.

［68］Redfern M S，Dipasquale J. Biomechanics of descending ramp ［J］. Gait and Posture，1997，6：119-125.

［69］Yamaguchi T，Yano M，Onodera H，et al. Effect of turning angle on falls caused by induced slips during turning ［J］. Journal of Biomechanics，2012，45（15）：2624-2629.

［70］Peter F，Thurmon E L. Required coefficient of friction during turning at self-selected slow，normal，and fast walking speeds ［J］. Journal of Biomechanics，2014，47（6）：1395-1400.

［71］ Xue F W，Thurmon E L，Han T Y. Effects of obesity on slip-induced fall risks among young male adults ［J］. Journal of Biomechanics，2012，45（6）：1042-1047.

［72］ Sutherland D. The development of mature gait［J］. Gait Posture. 1997，6（2）：163-170.

［73］ Kuo A D. A simple model of bipedal walking predicts the preferred speed-step length relationship ［J］. Journal of biomechanical engineering，2001，123（3）：264-269.

［74］ Bertram J E. Constrained optimization in human walking：cost minimization and gait plasticity ［J］. The Journal of experimental biology，2005，208（6）：979-991.

［75］ Bertram J E，Ruina A. Multiple walking speed-frequency relations are predicted by constrained optimization ［J］. Journal of Theoretical Biology，2001，209（4）：445-453.

［76］ Curtze C，Hof A L，Postema K，et al. Over rough and smooth：amputee gait on an irregular surface ［J］. Gait Posture，2010，33：292-296.

［77］ Paysant J，Beyaert C，Datie A M，et al. Influence of terrain on metabolic and temporal gait characteristics of unilateral transtibial amputees ［J］. Journal of rehabilitation research and development，2006，43（2）：153-160.

［78］ Schroeder H P，Coutts R D，Lyden P D，et al. Gait parameters following stroke：a practical assessment［J］. Journal of rehabilitation research and development，1995，32（1）：25-31.

［79］ Ullah S，Al-Atwi M K，Qureshi A Z，et al. Falls in individuals with stroke during inpatient rehabilitation at a tertiary care hospital in Saudi Arabia [J]. Neurosciences，2019，24（2）：130-136.

[80] Dingwell J B，Marin L C. Kinematic variability and local dynamic stability of upper body motions when walking at different speeds [J]. Journal of biomechanics，2006，39（3）：444-452.

[81] England S A，Granata K P. The influence of gait speed on local dynamic stability of walking [J]. Gait Posture，2007，25（2）：172-178.

[82] Kang H G，Dingwell J B. Effects of walking speed，strength and range of motion on gait stability in healthy older adults [J]. Journal of biomechanics，2008，41（14）：2899-2905.

[83] Krasovsky T，Lamontagne A，Feldman A G，et al. Reduced gait stability in high-functioning post-stroke individuals [J]. Journal of neurophysiology，2013，109（1）：77-88.

[84] Hak L，Houdijk H，Beek P J，et al. Steps to take to enhance gait stability：the effect of stride frequency，stride length，and walking speed on local dynamic stability and margins of stability[J]. PloS one，2013，8（12）：828-842.

[85] Daniel T P F，Youlian H，Li J X. Human walks carefully when the ground dynamic coefficient of friction drops below 0.41 [J]. Safety Science，2009，47（10）：1429-1433.

[86] Lipscomb H J，Glazner J E，Bondy J，et al. Injuries from slips and trips in construction [J]. Applied Ergonomics，2006，37（3）：267-274.

[87] Gao C，Holmér I，Abeysekera J. Slips and falls in a cold climate：underfoot surface，footwear design and worker preferences for preventive

measures［J］. Applied ergonomics，2008，39（3）：385-91.

［88］ Gunvor G，Glenn L. Test of Swedish anti-skid devices on five different slippery surfaces［J］. Accident Analysis and Prevention，2001，33（1）：1-8.

［89］ Chuansi G，John A，Mikko H，et al. The effect of footwear sole abrasion on the coefficient of friction on melting and hard ice［J］. International Journal of Industrial Ergonomics，2003，31（5）：323-330.

［90］ Rakié C，Mark S R. Changes in gait when anticipating slippery floors［J］. Gait & Posture，2002，15（2）：159-171.

［91］ Marigold D S，Patla A E. Strategies for dynamic stability during locomotion on a slippery surface：effects of prior experience and knowledge［J］. Journal of neurophysiology，2002，88（1）：339-353.

［92］ Chang W R. The effect of surface roughness on the measurement of slip resistance［J］. International Journal of Industrial Ergonomics，1999，24（3）：299-313.

［93］ Sokoloff J B. Surface roughness and dry friction［J］. American Physical Society，2012，85（2）：27-42.

［94］ Yu R F，Li K. Perceived floor slipperiness and floor roughness in a gait experiment［J］. Work（Reading，Mass.），2015，50（4）：649-657.

［95］ Takeshi Y，Kazuo H. Walking-Mode Maps′ Based on Slip/Non-Slip Criteria［J］. Industrial Health，2008，46（1）：23-31.

［96］ 赵全永，丁绍兰. 鞋底止滑性的试验研究［J］. 中国皮革，2003（14）：125-127，124.

［97］ Grönqvist R，Abeysekera J，Gard G，et al. Human-centred approaches in slipperiness measurement[J]. Ergonomics，2001，44（13）：1167-99.

[98] Chuansi G，John A. The assessment of the integration of slip resistance，thermal insulation and wear ability of footwear on icy surfaces［J］. Safety Science，2002，40（7）：613-624.

[99] 张建春，梁高勇，陈绮梅，等. 提高布面胶鞋鞋底防滑性能研究［J］. 中国个体防护装备，2002（05）：23-26.

[100] 罗向东，弓太生，杨敏贞. 鞋底花纹与止滑性能间的关系（一）［J］. 中国皮革，2004（08）：154-155.

[101] 罗向东，弓太生，杨敏贞. 鞋底花纹与止滑性能间的关系初探（二）［J］. 中国皮革 2004（10）：117-119.

[102] Li K W，Chen C J. The effect of shoe soling tread groove width on the coefficient of friction with different sole materials，floors，and contaminants［J］. Appl Ergon，2004，35（6）：499-507.

[103] Li K W，Chen C J. Effects of tread groove orientation and width of the footwear pads on measured friction coefficients［J］. Elsevier，2005，43（7）：391-405.

[104] Li K W，Wu H H，Lin Y C. The effect of shoe sole tread groove depth on the friction coefficient with different tread groove widths，floors and contaminants［J］. Appl Ergon，2006，37（6）：743-48.

[105] Menz H B，Lord S T，McIntosh AS. Slip resistance of casual footwear: Implications for falls in older adults［J］. Gerontology，2001，47（3）：145-49.

[106] 张敬德，郝智秀，张宇，等. 鞋跟高度对地面反力和鞋底压力中心的影响［J］.中国康复医学杂志，2007（03）：241-243，289.

[107] Menant，Jasmine C，Steele，et al. Optimizing footwear for older

people at risk of falls [J]. Journal of Rehabilitation Research and Development，2008，45（8）：1167-1182.

[108] 陆爱云. 运动生物力学 [M]. 北京：人民体育出版社，2010：235-240.

[109] 丁浩，蒋俊平，李振建. 行走过程中人体重心轨迹数学模型的建立 [J]. 江苏警官学院学报，2008（06）：167-170.

[110] Wang T Y，Tanvi B，Yang F Y，et al. Adaptive control reduces trip-induced forward gait instability among young adults [J]. Journal of Biomechanics，2012，45（7）：1169-1175.

[111] Perkins P. Measurement of slip between the shoe and ground during walking，walking surface：measurement of slip resistance [J]. American Society of Testing and Materials Special Technical Publication，1979，64（9）：71-77.

[112] GrÖnqvist R，Roine J，Jarvinen E，et al. An apparatus and a method for determining the slip resistance of shoes and floors by simulation of human foot motions [J]. Ergonomics，1989，32（8）：979-995.

[113] Lockhart T E，Woldstad J C，Smith J L. Effects of age-related gait changes on the biomechanics of slips and falls [J]. Ergonomics，2003，46（12）：1136-1160.

[114] Cavagna G A，Margaria R. Mechanics of walking [J]. Journal of Applied Physiology，1966，21（1）：271-278.

[115] Burnfield J M，Powers C M. The role of center of mass kinematics in predicting peak utilized coefficient of friction during walking [J]. Journal of Forensic Sciences，2007，52（6）：1328-33.

[116] Yamaguchi T，Yamanouchi H，Hokkirigawa K. Experimental analyses

of load carrying effects on the peak traction coefficient between shoe sole and floor during walking [J]. Tribology Online，2008，3（6）：342-347.

[117] 阮景华. 横摇加速度与船舶安全 [J]. 广西交通科技，1998（04）：48-49.

[118] 洪超. 横摇减摇鳍在零航速情况的应用[J]. 机电设备，2008（02）：27-29.

[119] 王维旭，周天明，于兴军，等. 浮式钻井平台升沉运动分析[J]. 石油矿场机械，2011，40（09）：36-38.

[120] 刘巍. 3000 吨级海上巡视船耐波性分析 [D]. 上海：上海交通大学，2014.

[121] 秦永元，严恭敏，顾冬晴，等. 摇摆基座上基于信息的捷联惯导粗对准研究 [J]. 西北工业大学学报，2005（05）：140-143.

[122] 李雯，陈文凯，周中红，等. 中国大陆地震灾害生命损失时空特征分析 [J]. 灾害学，2019，34（01）：222-228.

[123] 杨庆山，田玉基. 地震地面运动及其人工合成 [M]. 北京：科学出版社，2013：151-160.

[124] Pollock A S，Durward B R，Rowe P J，et al. What is balance [J]. Clinical rehabilitation，2000，14（4）：402-406.

[125] 南登昆. 康复医学 [M]. 北京：人民卫生出版社，2001：47-48.

[126] 燕铁斌，窦祖林. 使用瘫痪康复 [M]. 北京：人民卫生出版社，1999：134-137.

[127] 贾利晓. 人体行走过程中的滑摔倾向及其机制与防控研究[D]. 北京：机械科学研究总院，2013.

[128] 管志光. 人体重心动态测试系统的研究 [D]. 青岛：山东科技大

学，2005.

[129] 刘英，余武，李荣祖，等. 基于组合权重的数控磨床可靠性模糊分配研究［J］. 机械科学与技术，2015，34（12）：1863-1868.

[130] 欧阳武，程启超，金勇，等. 基于熵权模糊综合评价法的水润滑尾轴承性能评估［J/OL］. 中国机械工程，2019，10：1-8［2020-06-26］. http://kns.cnki.net/kcms/detail/42. 1294.TH.20191014.1202.024.html.

[131] 邢立文，崔宁博，董娟. 基于熵权—模糊层次分析法的痕灌草莓水肥效应评价［J］. 排灌机械工程学报，2019，37（9）：815-821.

[132] 韩英强，吴晓平，王甲生. 一种基于熵权和经验因子的模糊综合评价方法［J］. 计算机与数字工程，2012，40（11）：105-107.

[133] Wenping M，Xin G. A reliable process planning approach based on fuzzy comprehensive evaluation method incorporating historical machining data［J］. Journal of Engineering Manufacture，2020，234（5）：900-909.

[134] Joshi R，Kumar S. Parametric［formula omitted］-norm Entropy on Intuitionistic Fuzzy Sets with a New Approach in Multiple Attribute Decision Making［J］. Fuzzy Information and Engineering，2017，9（2）：181-203.

[135] Santos H，Couso I，Bedregal B. et al. Similarity measures，penalty functions，and fuzzy entropy from new fuzzy subsethood measures［J］. International Journal of Intelligent Systems，2019，34（6）：1281-1302.

[136] Joshi R，Kumar S. A Novel Fuzzy Decision-Making Method Using Entropy Weights-Based Correlation Coefficients Under Intuitionistic Fuzzy Environment［J］. International Journal of Fuzzy Systems，2018，8：1-11.

［137］ Arena S L，Garman C R，Nussbaum. Required friction during overground walking is lower among obese compared to non-obese older men，but does not differ with obesity among women ［J］. Applied Ergonomics，2017，62：77-82.

［138］ Patrick J S，Richard J，Joseph M F，et al. Lateral step initiation behavior in older adults ［J］. Gait & Posture，2014，39（2）：799-803.

［139］ 张翔，周建涛，王燕. 主客观权重和模糊熵相结合的云服务选择方法研究 ［J］. 计算机与数字工程，2017，45（2）：210-215.

［140］ Chen T，Li C. Determining objective weights with intutionistic fuzzy entropy measures：a comparative analysis ［J］. Information Sciences，2010，180（21）：4207-4222.

［141］ 舒婷，刘泉，艾青松，等. 基于梯形模糊数和二元语义需求权重确定方法 ［J］. 武汉理工大学学报，2011，33（12）：111-114.

［142］ Harish G. Intuitionistic Fuzzy Hamacher Aggregation Operators with Entropy Weight and Their Applications to Multi-criteria Decision-Making Problems ［J］. Iranian Journal of Science and Technology，Transactions of Electrical Engineering，2019，43（3）：597-613.

［143］ 井世忠，董才林，喻莹，等. 基于模糊理论的网构软件信任评估方法 ［J］. 计算机工程，2012（05）：64-66.

［144］ 刘洋. 基于熵权法的数控机床可靠性的模糊综合评价研究 [J]. 机械设计与制造工程，2018，47（6）：122-125.

［145］ 李元斌，孙有朝，李龙彪. 改进熵权逼近理想解排序法的航空发动机限寿件模糊风险评估 ［J］. 中国机械工程，2018，29（10）：1135-1140.

［146］Eggleston J D，Harry J R，Hickman R A，et al. Analysis of gait symmetry during over-ground walking in children with autism spectrum disorder［J］. Gait Posture，2017，55：162-166.

［147］陈慧敏，张永振，牛永平，等. 不同地面状态下行走时人体的滑摔机制［J］. 科学通报，2016，61（23）：2629-2636.

［148］Harish G. Intuitionistic Fuzzy Hamacher Aggregation Operators with Entropy Weight and Their Applications to Multi-criteria Decision-Making Problems［J］. Iranian Journal of Science and Technology，Transactions of Electrical Engineering，2019，43（3）：597-613.

［149］艾延廷，费成巍，王志. 航空发动机整机振动故障模糊信息熵诊断方法［J］. 推进技术，2011，32（3）：407-411.

附录　主要符号表

人体身高：L

人体直立时重心高度：l_1

任意时刻人体重心高度：h

上躯干高度：l_2

单支撑阶段经历时间：T_1

双支撑阶段经历时间：T_2

步长：$2s$

单支撑相中脚底压力中心和重心的连线与重心铅垂线之间的夹角：θ

双支撑相中上躯干与重心铅垂线之间的夹角：β

双支撑相中前脚压力中心和重心的连线与重心铅垂线之间的夹角：θ_1

双支撑相中后脚压力中心和重心的连线与重心铅垂线之间的夹角：θ_2

脚底侧向接触力：F_x

脚底前后向接触力：F_y

脚底垂向接触力：F_z

脚底侧向所需摩擦系数：$RCOF_x$

脚底前后向所需摩擦系数：$RCOF_y$

脚底整体所需摩擦系数：$RCOF$

摩擦力：f

主动摩擦力峰值：f_p

主动摩擦系数峰值：u_p

支撑力：N

重力：G

人体水平方向重心惯性加速度：a_{gy}

人体垂直方向重心惯性加速度：a_{gz}

人体水平方向重心惯性力：F_{ay}

人体垂直方向重心惯性力：F_{az}

六自由度运动平台水平加速度：a_y

六自由度运动平台垂直加速度：a_z

水平惯性力：F_{ay}

垂直惯性力：F_{az}

人体水平方向整体惯性加速度：a_h

人体垂直方向整体惯性加速度：a_v

人体水平方向整体惯性力：F_{ah}

人体垂直方向整体惯性力：F_{av}